国家级精品课程配套教材

高等学校计算机公共基础课规划教材

大学计算机基础实验指导

冯博琴　贾应智　编著

中国铁道出版社

CHINA RAILWAY PUBLISHING HOUSE

内 容 简 介

本书是与中国铁道出版社出版的、由冯博琴和贾应智主编的《大学计算机基础》教材相配套的实验指导教材。

教材中的实验内容与主教材紧密配合，全书共有 8 章，内容分别是：中文操作系统 Windows 2000 的使用、文字处理系统 Word 2000、电子表格 Excel 2000、演示文稿软件 PowerPoint 2000、Internet 应用基础、数据库应用基础、多媒体技术和信息安全。

本书以掌握计算机应用的基本技能为目的，实验内容与主教材相辅相成，设计的实验主要是基础实验。这些实验实用性、操作性都较强。通过这些实验的练习，可以使学生对主教材上的理论知识加深理解，从而融会贯通。

本实验指导书既可以作为高等学校《大学计算机基础》的配套教材，也可以作为独立的实验教材使用。

图书在版编目（CIP）数据

大学计算机基础实验指导 / 冯博琴，贾应智编著．—北京：中国铁道出版社，2007.12
高等学校计算机公共基础课规划教材
ISBN 978-7-113-08136-2

I.大…　II.①冯…②贾…　III.电子计算机—高等学校—教学参考资料　IV.TP3

中国版本图书馆 CIP 数据核字（2007）第 202202 号

书　　名：	大学计算机基础实验指导
作　　者：	冯博琴　贾应智
出版发行：	中国铁道出版社（100054，北京市宣武区右安门西街 8 号）
策划编辑：	严晓舟　秦绪好
责任编辑：	侯　颖　孙佳志
封面设计：	付　巍
封面制作：	白　雪
印　　刷：	三河市华丰印刷厂
开　　本：	787×1092　1/16　　印张：10.25　字数：239 千
版　　本：	2008 年 1 月第 1 版　　　2008 年 1 月第 1 次印刷
印　　数：	1～5 000 册
书　　号：	ISBN 978-7-113-08136-2/TP · 2489
定　　价：	16.00 元

前 言

《大学计算机基础》作为大学第一门计算机课程，它的改革越来越引起人们的重视。

教育部非计算机专业计算机基础课程教学指导分委员会在 2003 年就提出了课程改革的设想，并把课程名定为"大学计算机基础"。随后在《关于进一步加强高等学校计算机基础教学的意见》和《高等学校非计算机专业计算机基础课程教学基本要求》中对这门课的性质、教学内容与要求、实施建议都作了比较详细的阐述。这些文件对于推动和引导大学第一门计算机基础课起到了重要的作用。

本书是与中国铁道出版社出版的，由冯博琴、贾应智主编的《大学计算机基础》教材相配套的实验指导教材。

全书共有 8 章，这 8 章的内容分别是：中文操作系统 Windows 2000 的使用、文字处理系统 Word 2000、电子表格 Excel 2000、演示文稿软件 PowerPoint 2000、Internet 的基础知识、数据库应用基础、多媒体技术和信息安全。

目前新生的计算机知识起点差异较大，本书按照新颁布的《高等学校非计算机专业计算机基础课程教学基本要求》的"一般要求"来编写，全书以掌握计算机应用的基本技能为目的，实验内容与主教材相辅相成，设计的实验主要是基础实验。这些实验实用性、操作性都较强。通过这些实验的练习，可以使学生对主教材上的理论知识加深理解，从而融会贯通。

西安交通大学的"大学计算机基础"课程是国家级精品课程，该课程的网址为 http://202.117.35.160/ucmp。网站中有丰富的教学资源，如课件、课程实验、网上答疑、知识百问等，可供广大师生参考。

本实验教材在编写过程中得到了西安交通大学计算机教学实验中心刘志强、薛涛、吴宁、吕军、张伟、姚普选、崔舒宁、卫颜俊、李波、赵英良、陈文革、朱丹军等老师的帮助，在此表示衷心的感谢。

冯博琴 于西安交通大学

2007 年 12 月

目 录

CONTENTS

第 1 章 // 中文操作系统 Windows 2000 的使用

实验 1-1 Windows 2000 的基本操作

一、实验目的

1. 熟悉 Windows 2000 操作系统桌面的各个组成部分。
2. 掌握任务栏的作用和操作。
3. 熟悉 Windows 操作系统窗口的组成及操作。
4. 熟悉 Windows 操作系统菜单的分类及特殊标记的含义。
5. 掌握应用程序的运行方法。
6. 熟悉剪贴板的功能和使用。
7. 熟练掌握汉字及各种字符的输入方法。
8. 掌握在 Windows 操作系统中获得帮助的方法。

二、实验内容

1. 认识桌面上的各个组成部分。
2. 使用任务栏进行当前窗口的切换和排列窗口的位置。
3. 窗口的移动、放大、缩小、关闭等基本操作。
4. 认识 Windows 操作系统中不同类型的菜单。
5. 使用"开始"菜单中的"程序"和"运行"命令运行应用程序。
6. 使用剪贴板在写字板和画图之间进行信息的传递。
7. 使用智能 ABC 方法输入汉字并使用软键盘来输入各种特殊的字符。
8. 在帮助窗口中获取帮助信息。

三、实验环境

Windows 2000 操作系统。

四、操作过程

1. 桌面组成及任务栏的作用

（1）接通电源，启动 Windows 操作系统，屏幕上显示 Windows 操作系统的桌面，如图 1-1 所示。

Windows 操作系统的桌面由三部分组成，分别是桌面图标、"开始"按钮和任务栏。

（2）观察在桌面上有哪些图标。

（3）单击"开始"按钮，观察弹出的"开始"菜单中包含哪些命令？

（4）观察任务栏是否在屏幕的底部，将鼠标移动到任务栏的空白处，拖动任务栏到屏幕的顶部后释放鼠标，这时任务栏被移到屏幕的顶部。然后再将任务栏分别拖动到屏幕的左边和右边。

（5）分别双击桌面上的"我的电脑"、"我的文档"和"回收站"图标，打开这 3 个窗口，这时，可以看到打开的程序名称显示在任务栏上。

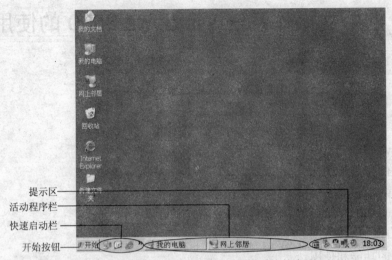

提示区 ——
活动程序栏 ——
快速启动栏 ——
开始按钮 ——

图 1-1 Windows 操作系统的桌面

（6）分别单击任务栏上的"我的电脑"、"我的文档"和"回收站"按钮，这时，相应的窗口被切换为当前窗口，同时注意到当前窗口的标题栏颜色要醒目一些。

（7）右击任务栏上的空白区域，打开快捷菜单，如图 1-2 所示。

（8）选择菜单中的"层叠窗口"命令，观察这 3 个窗口在屏幕上的排列方式。

（9）分别选择快捷菜单中的"横向平铺窗口"和"纵向平铺窗口"命令，观察这 3 个窗口在屏幕上的排列方式。

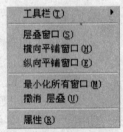

图 1-2 排列窗口的快捷菜单

2．窗口的组成与操作

（1）选择"开始" | "程序" | "Windows 资源管理器"命令，打开资源管理器窗口，如图 1-3 所示，观察该窗口的内容，注意下面的问题：

• 窗口由哪几部分组成，各部分是用什么符号表示的？

• 标题栏、控制菜单、程序菜单、滚动条各在什么位置？

标题栏 ——
菜单栏 ——
工具栏 ——
地址栏 ——

垂直滚动条 ——
分隔条 ——

工作区域 ——

水平滚动条 ——
状态栏 ——

图 1-3 资源管理器的窗口组成

（2）移动窗口

拖动窗口的标题栏，在拖动过程中注意窗口的虚框同步移动，当移动到某一位置时松开鼠标，这时窗口被移动到新的位置。

（3）改变窗口大小

将鼠标移动到窗口的某个边框，当鼠标形状变为双箭头时，拖动鼠标，移动边框到某个位置后释放鼠标。

将鼠标移动到窗口的拐角处，拖动鼠标，同时移动相邻两边的位置改变大小，观察窗口大小的变化。

（4）最小化和最大化

单击窗口标题栏上的"最小化"按钮，窗口在屏幕上消失，仅在任务栏上显示该程序的名称。

单击任务栏上该程序对应的按钮，将窗口还原为原来的大小。

单击窗口标题栏上的"最大化"按钮，窗口扩大到整个屏幕，这时原来的"最大化"按钮变为"还原"按钮，观察此按钮的形状。

单击"还原"按钮，将窗口还原为原来的大小。

（5）使用滚动条

观察窗口的右边缘和下边缘位置是否出现滚动条，如果没有出现，减小窗口的尺寸使之出现。

单击滚动条中的滚动按钮或拖动滚动条中的滑块，注意窗口显示内容的变化。

3．各种不同类型的菜单

（1）单击"开始"按钮，打开"开始"菜单，观察该菜单中的各个菜单项。

（2）单击"我的电脑"窗口左上角的"控制菜单"图标，打开控制菜单，这是每个窗口中都有的菜单。

（3）在"我的电脑"窗口中，分别单击"文件"、"编辑"、"帮助"等菜单，观察每个菜单的组成。

不同的应用程序，其窗口的菜单栏菜单根据功能不同而有所不同，但大多数程序都有的共同菜单项有"文件"、"编辑"和"帮助"。

（4）分别在屏幕上的空白区域、"开始"按钮、任务栏上右击，观察每次弹出的快捷菜单中的命令是否一样。

这些不同的菜单如图 1-4 所示。

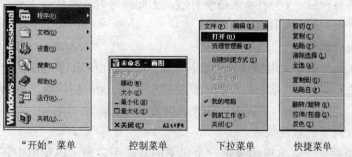

"开始"菜单　　　　控制菜单　　　　下拉菜单　　　　快捷菜单

图 1-4　Windows 操作系统中不同的菜单

可见，右击用来打开快捷菜单，而快捷菜单中的内容取决于选择的操作对象。

4. 菜单上的特殊标记及其含义

（1）浅色显示

单击"我的电脑"窗口的"最大化"按钮，将窗口最大化。

单击窗口左上角的"控制菜单"图标，打开控制菜单，观察该菜单上"移动"、"大小"、"最大化"命令的颜色，并选择这些命令，看是否被执行。

可见，颜色是灰色的命令表示在当前条件下不可以使用。

（2）带有快捷键

单击窗口左上角的"控制菜单"图标，打开控制菜单，注意到"关闭"命令的右边有快捷键【Alt+F4】。

带有组合键的命令表示直接按下组合键就可以执行相应的命令，而无需通过选择菜单命令。

（3）带有省略号"…"

在"我的电脑"窗口中，选择"工具"菜单中的"文件夹选项"命令，该命令后面有省略号，这时打开一个对话框，单击对话框中的"取消"按钮，关闭此对话框。

可见，如果菜单命令后带有省略号，执行此命令时将会打开一个对话框，用来对此命令输入进一步的信息。

（4）带有符号"●"

在"我的电脑"窗口中，单击"查看"菜单，观察菜单中"大图标"、"小图标"、"列表"、"详细资料"和"缩略图"这五个命令中只有一个命令前有符号"●"，表明只能在这几个命令中选中其中的一个。

（5）带有符号"▶"

在"我的电脑"窗口中，单击"查看"菜单，注意到菜单中的"排列图标"命令后带有符号"▶"，将鼠标移动到此命令时，可以显示下一级菜单。

可见，带有符号"▶"的命令表示此菜单下还有子菜单。

（6）命令前有符号"√"

在"我的电脑"窗口中，单击"查看"菜单，注意菜单中"状态栏"命令前是否有符号"√"，如果有符号"√"，窗口的下方显示有状态栏。选择此命令后，再打开此菜单，观察符号"√"是否消失，同时，窗口下方的状态栏是否显示。

可见，命令前有符号"√"表示该命令有效，无此符号时表示命令无效。

菜单上的各种不同标记如图 1-5 所示。

（7）菜单上有分组线

在菜单的有些菜单项之间用横线分成了若干组，每一组由若干条相关的命令组成。例如，在图 1-5 中，将"工具栏"、"状态栏"和"浏览栏"3 项分为一组，而"按 Web 页"单独成为一组，"大图标"、"小图标"、"列表"和"详细资料"4 项为一组。

（8）菜单项有向下的双箭头 ⥥

某个菜单的最后一个菜单项如果是一个向下的双箭头，表示该菜单中还有其他的菜单项，当鼠标指向该箭头时，会显示出完整的菜单。

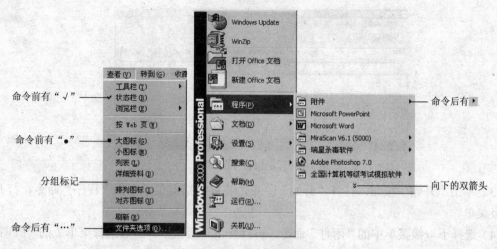

命令前有"√"

命令前有"●"

分组标记

命令后有"…"

命令后有▶

向下的双箭头

图 1-5　菜单上的各种不同标记

5．运行应用程序

运行一个应用程序可以使用"开始"菜单的"程序"命令和"运行"命令，如果在桌面上为某个应用程序建立了快捷方式，也可以双击该快捷方式对应的图标运行程序，前两种操作过程如下：

（1）单击"开始"按钮，打开"开始"菜单。

（2）选择"程序"菜单项，屏幕显示该菜单项的级联菜单。

（3）在级联菜单中查找要运行的应用程序，如 Microsoft Word，然后单击程序名，该程序被执行，屏幕上打开相应的应用程序窗口，并且在任务栏上出现该程序的图标。

（4）Windows 操作系统附件中有一个应用程序"计算器"，其程序文件名为 Calc.exe，假设该程序在 C 盘的"Windows"文件夹下。单击"开始"按钮，打开"开始"菜单。

（5）选择菜单中的"运行"命令，打开"运行"对话框。

（6）在对话框的"打开"文本框中输入程序文件的完整路径"c:\windows\calc.exe"，如图 1-6 所示。

（7）单击"确定"按钮，该程序被执行，屏幕上打开计算器程序的窗口。

图 1-6　"运行"对话框

6．剪贴板的使用

下面使用剪贴板分别将图形和文本在"写字板"和"画图"程序之间进行复制，操作过程如下：

（1）单击"开始"按钮，打开"开始"菜单，选择菜单中的"程序"命令，打开下一级菜单。

（2）选择下一级菜单中的"附件"命令，再打开下一级菜单，然后选择菜单上的"写字板"命令，启动写字板程序，启动后的窗口如图 1-7 所示。

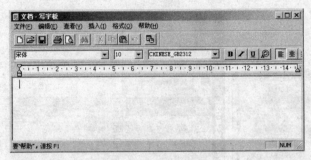

图 1-7　写字板程序的窗口

（3）单击"开始"按钮，打开"开始"菜单，将鼠标指向菜单中的"程序"命令，打开下一级菜单。

（4）选择下一级菜单中的"附件"命令，再打开下一级菜单，然后选择菜单上的"画图"命令，启动画图程序，如图 1-8 所示。

图 1-8　画图程序的窗口

（5）在画图窗口中使用"铅笔"工具画一个任意形状的图形。

（6）单击画图窗口工具箱右上角的"选定"工具。

（7）在绘图区沿着对角线的方向拖动鼠标将上面画的图形圈起来。

（8）选择"编辑"菜单中的"剪切"命令，这时，刚选中的图形在画图窗口中消失，被存放到剪贴板上。

（9）单击任务栏上的"写字板"按钮将写字板程序窗口切换为当前窗口。

（10）选择"编辑"菜单中的"粘贴"命令，这时，刚才所画的图形被粘贴到写字板中。

（11）在写字板的正文区内输入下面的文字：

大学计算机基础

（12）用鼠标在刚输入的文字上拖动，选择所输入的文字。

（13）选择"编辑"菜单中的"复制"命令，这时，刚选中的文字被复制到剪贴板上，写字板中的文字依然存在。

（14）单击任务栏上的"画图"按钮将画图程序窗口切换为当前窗口。

（15）选择"编辑"菜单中的"粘贴"命令，这时，复制到剪贴板上的文字以图形的方式被粘贴到画图窗口中。

（16）按【Print Screen】键将整个屏幕作为图形复制到剪贴板上。

（17）在画图窗口中，选择"编辑"菜单中的"粘贴"命令，复制到剪贴板上的图形被粘贴到画图窗口中。

（18）使用快捷键【Alt+Print Screen】，将当前窗口或对话框复制到剪贴板上。

（19）在画图窗口中，选择"编辑"菜单中的"粘贴"命令，复制到剪贴板上的图形被粘贴到画图窗口中。

（20）分别双击这两个窗口的"控制菜单"图标，关闭这两个程序。

7．汉字和特殊字符的输入

（1）为了输入汉字和字符，先使用"开始"菜单打开"写字板"程序。

（2）选择所需的汉字输入法，方法是单击任务栏右侧的"语言指示器"图标，打开快捷菜单，菜单中列出了已经安装的汉字输入法，如图 1-9 所示。

（3）直接在菜单中选择所需的输入法，如"智能 ABC 输入法"，这时，屏幕上弹出输入法工具栏，如图 1-10 所示。

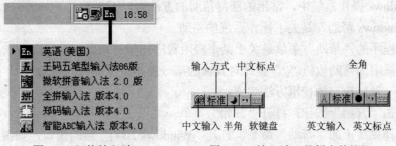

图 1-9 切换输入法　　　　　图 1-10 输入法工具栏上的按钮

（4）观察如图 1-10 所示的输入法工具栏中各部分的组成。

（5）在写字板窗口中，将光标定位在箭头所指的插入点处。

（6）将键盘设在小写状态下，分别用以下的方法输入汉字：

- 单字输入：输入某个汉字的完整拼音，如"中"的拼音"zhong"，然后在重码区中进行选择。

- 词组输入：输入某个词的拼音，如"中国"的拼音"zhongguo"，然后按空格键，可以直接输入词组，省去对每个字进行二次的选择。

- 输入拼音时可以使用全拼、简拼或混拼的方法，如输入"计算机"一词时，混拼时可以输入"jisj"、"jsuanj"或"jisuanj"等。

（7）单击图 1-10 中的"中文输入"按钮，该按钮显示为字母"A"，这时，键盘临时切换为英文输入，再次单击该按钮时，键盘又切换为中文输入。

（8）单击"半角/全角"按钮，使键盘处于半角状态，从键盘输入若干个字母和数字，观察它们在屏幕上显示的形状。

（9）再次单击该按钮，使键盘处于全角状态，重新输入若干个字母和数字，对比全角和半角状态下字母、数字显示宽度的不同。

（10）单击标点符号图标，观察形态的变化，分别在中文和英文标点符号状态下输入标点符号，观察它们的不同显示，同时查找汉语中的顿号"、"在哪个按键上。

（11）单击状态栏最右边的画有"键盘"的按钮，打开软键盘，可在软键盘上用鼠标输入文字，再次单击此图标可关闭软键盘。

（12）右击软键盘图标，屏幕上弹出快捷菜单，如图 1-11 所示，选择菜单中的某一项可以分别选择不同类型的软键盘，用这些软键盘可以输入不同类型的字符，如希腊字母、俄文字母、标点符号等。

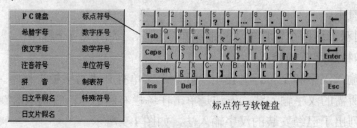

图 1-11　软键盘快捷菜单

8．Windows 操作系统的帮助系统

在 Windows 操作系统中，常用的获得帮助的方法有以下 3 种：

◆ "Windows 帮助"是关于操作系统的帮助。

◆ 应用程序的"帮助"菜单是关于某个应用程序的使用帮助。

◆ 对话框中的帮助按钮"?"是针对具体的某一操作步骤提供的帮助。

Windows 帮助窗口的使用方法如下：

（1）单击"开始"按钮，打开"开始"菜单。

（2）选择菜单上的"帮助"命令，打开"Windows 2000"帮助窗口，如图 1-12 所示。

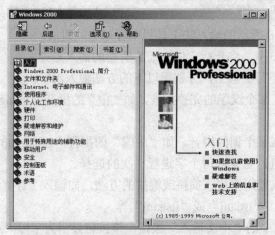

图 1-12　"Windows 2000"帮助窗口

（3）帮助窗口由左右两个窗格组成，分别显示项目和内容。

左边的项目窗格中有 4 个标签，表示有 4 种方法查找帮助信息，分别是"目录"、"索引"、"搜索"和"书签"。

单击左边项目窗格中的任一项，在右边的窗格中显示的内容也随之变化。

（4）单击"索引"标签，然后单击列表框中的某一项，再单击"显示"按钮，观察右边的窗格中显示的内容。

（5）单击"搜索"标签，然后单击"键入要查找的关键字"下面的文本框，向文本框中输入"WEB"一词。

（6）单击"列出主题"按钮，观察其列表框中的内容。

（7）单击列表框中的某一项，再单击"显示"按钮，观察右窗格显示的内容。

应用程序帮助菜单的使用方法如下：

（1）单击"开始"按钮，打开"开始"菜单。

（2）将鼠标指向菜单中的"程序"命令，打开下一级菜单。

（3）在下一级菜单中选择 Microsoft Word 命令，打开 Word 窗口。

（4）单击 Word 窗口的"帮助"菜单。

（5）选择菜单上的"Microsoft Word 帮助"命令打开帮助窗口。

（6）单击帮助窗口上方的"显示"按钮，这时，帮助窗口也分为左右两个窗格，左窗格有两个标签，分别是"目录"和"索引"，这两个选项卡的使用方法与 Windows 帮助窗口是一样的。

（7）在"目录"标签中单击某一项，观察右边窗格中显示的内容的变化。

（8）单击"关闭"按钮将此帮助窗口关闭。

对话框中的"帮助"按钮的使用方法如下：

（1）在上面打开的 Word 窗口中单击"编辑"菜单。

（2）选择菜单上的"查找"命令，打开对话框。

（3）单击对话框标题栏上带有问号的"帮助"按钮，此时鼠标形状变为带有问号的箭头。

（4）将鼠标移到对话框中的"查找内容"几个字上并单击，这时屏幕上会出现关于此项的解释信息。

（5）单击"关闭"按钮将此对话框关闭。

（6）关闭 Word 窗口。

五、实验思考题

1．总结任务栏的作用有哪些。

2．菜单中有哪些特殊的标记，这些标记代表了什么含义？

3．剪贴板的作用是什么？主要操作有哪些？

4．使用软键盘可以输入哪些类型的特殊字符？

实验 1-2 Windows 2000 的资源管理

一、实验目的

1．熟悉资源管理器和"我的电脑"窗口的组成和显示文件的方法。

2．了解资源管理器和"我的电脑"程序中文件和文件夹的浏览方式。

3．了解资源管理器和"我的电脑"程序中不同的图标所代表的文件类型。

4．掌握文件和文件夹的操作。

5．掌握搜索文件或文件夹的方法。

6．熟悉回收站的功能和使用。

二、实验内容

1．使用资源管理器查看硬盘上的文件和文件夹。

2．用大图标、小图标等不同的方法显示文件和文件夹。

3．在资源管理器中进行文件和文件夹的创建、移动、复制、删除、查看属性等操作。

4．搜索文件名以"LX"开头的所有文件。

5．使用回收站恢复被误删除的文件和文件夹。

三、实验环境

Windows 2000 操作系统。

四、操作过程

1．资源管理器窗口的组成

（1）单击"开始"按钮，打开"开始"菜单。

（2）选择"程序"|"附件"|"Windows 资源管理器"命令，启动资源管理器程序，打开资源管理器窗口。

（3）观察窗口中有无工具栏，标题栏显示的是什么。

（4）单击"查看"菜单。

（5）将鼠标指向"工具栏"命令。

（6）选择"标准按钮"命令，观察这时窗口中有无工具栏。

可见，"查看"命令用来显示或隐藏工具栏、地址栏和状态栏。

2．浏览窗口内容

资源管理器窗口的工作区域有两个窗格，左窗格显示系统的文件夹树，右窗格显示当前文件夹中包含的子文件夹或文件，每个文件均以图标和文件名来表示。

（1）拖动左右窗格中间的分隔线改变两部分的比例。

（2）单击左窗格中 C 盘前面的"+"图标，展开此文件夹，这时，右窗格中显示 C 盘的内容。

（3）单击左窗格中任意一个文件夹，可以看到右窗格同时显示相应的内容。

（4）观察右窗格中各种不同形状的图标所代表的文件类型。

（5）单击左窗格中标有"-"的图标，可以将已展开的文件夹折叠。

3．文件和文件夹的显示方式和排列顺序

（1）单击"查看"菜单，如图 1-13 所示，观察菜单中与显示方式有关的几条命令，当前有效的是哪种方式。

（2）分别选择其他显示方式，观察右窗格中的显示方式有什么不同。

（3）选择"查看"菜单的"排列图标"命令，打开级联菜单，菜单中包含了不同的排列顺序。

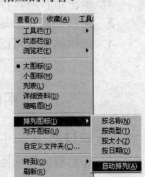

图 1-13 "查看"菜单

（4）选择"按名称"命令，观察右窗格中文件和文件夹显示的顺序。

（5）分别选择其他的排列顺序，观察屏幕上相应的变化。

4．选择文件和文件夹

分别完成以下操作，练习文件和文件夹的不同选择方法。

（1）选择单个文件或文件夹。在右窗格中单击某个文件或文件夹，被选中的文件呈反白显示。

（2）选择连续的多个文件。在右窗格中首先单击第一个文件或文件夹，然后按住【Shift】键后再单击最后一个。

（3）选择非连续的多个文件。在右窗格中单击第一项，然后按住【Ctrl】键后再单击其他每个选项。

（4）选择"编辑"菜单中的"全部选定"命令，可以选中当前文件夹中全部的文件和文件夹。

（5）按住【Ctrl】键后单击已选择的某个文件，则取消对该文件的选择，这时，该文件的反白显示消失。

（6）单击被选中区域之外的其他任意地方，可以取消所选择的全部文件和文件夹。

5．新建文件和文件夹

先创建下面的文件和文件夹，为后面的操作做好准备。

（1）在左窗格单击 C 盘图标。

（2）单击"文件"菜单，指向"新建"命令，打开级联菜单。

（3）选择下一级菜单中的"文件夹"命令，建立一个名为"新建文件夹"的文件夹。

（4）向名称框内输入文件夹名"LX1"后按回车键。

（5）重复步骤（1）～（4）建立第二个文件夹"LX2"。

（6）在右窗格中双击"LX1"图标打开此文件夹。

（7）单击"文件"菜单，选择"新建"命令，打开级联菜单。

（8）选择级联菜单中的"文本文档"命令，在 LX1 文件夹下建立一个名为"新建文本文档"的空白文本文件。

（9）向名称框内输入文件名"LX1"后按回车键。

（10）重复步骤（7）～（9）分别建立空白的图像文件"LX2"和空白的声音文件"LX3"。

对文件进行操作可以使用"文件"菜单或快捷菜单，如图 1-14 所示。

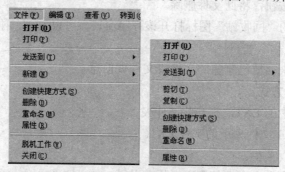

图 1-14　"文件"菜单和快捷菜单

6．移动文件

在复制或移动文件、文件夹时都可以利用剪贴板或拖动鼠标的方法。

（1）单击选择 LX1 文件夹下的文件 LX1。

（2）拖动 LX1 到左窗格中的 LX2 文件夹时释放鼠标，将 LX1 文件移动到 LX2 文件夹。

（3）单击左窗格的 LX2 文件夹，此文件夹下有 LX1 文件。

（4）单击选择 LX1 文件。

（5）选择"编辑"菜单中的"剪切"命令。

（6）单击左窗格中的 LX1，打开此文件夹。

（7）选择"编辑"菜单中的"粘贴"命令，将文件 LX1 重新移动到 LX1 文件下。

7．复制文件

（1）选择 LX1 文件夹下的文件 LX1。

（2）按住【Ctrl】键后单击文件 LX2 选择第二个文件。

（3）按住【Ctrl】键后，将选中的文件拖动到左窗格中的 LX2 文件夹时松开鼠标，将这两个文件复制到 LX2 文件夹。

（4）单击左窗格的 LX2 文件夹，可以看到，此文件夹下有 LX1 和 LX2 两个文件。

8．删除文件

删除文件或文件夹时，可以使用菜单命令，也可以将其直接拖放到回收站中。

（1）选择 LX2 文件夹下的 LX1 文件。

（2）单击"文件"菜单。

（3）选择"删除"命令，弹出"确认文件删除"对话框，如图 1-15 所示。

图 1-15 "确认文件删除"对话框

（4）单击"是"按钮，将此文件删除。

（5）选择 LX2 文件夹下的 LX2 文件。

（6）拖动该文件到左窗格中的"回收站"图标后释放鼠标，弹出"确认文件删除"对话框。

（7）单击"是"按钮，将此文件删除。

（8）双击桌面上的"回收站"图标打开该程序窗口，可以看到，刚才被删除的文件出现在"回收站"窗口中。

可见，回收站用来存放已删除的文件或文件夹信息。

9．建立桌面快捷方式

（1）单击左窗格中的 LX1，打开此文件夹。

（2）单击选择 LX1 文件夹下的文件 LX1。

（3）单击"文件"菜单。

（4）指向"发送到"命令，打开下一级菜单。

（5）选择"桌面快捷方式"命令，为文件 LX1 建立桌面快捷方式。

（6）将资源管理器窗口最小化，这时在桌面上可以看到已经建立的快捷方式图标。

（7）双击此图标，系统先打开记事本程序，然后在此程序中打开 LX1 文件。

（8）关闭记事本程序。

（9）还原资源管理器窗口。

10．文件更名

（1）单击左窗格中的文件夹 LX1，打开此文件夹。

（2）选择 LX1 文件夹下的文件 LX3。

（3）单击"文件"菜单。

（4）选择"重命名"命令，这时光标在 LX3 文件名称框内闪动。

（5）向此框内输入新名"LX4"，然后按回车键。

11．查看文件和文件夹的属性

（1）选择 LX1 文件夹下的文件 LX4。

（2）选择"文件"菜单中的"属性"命令，打开文件属性对话框，如图 1-16 所示。

（3）单击对话框中的"常规"标签，选项卡中显示该文件的属性，观察该文件具有什么样的常规属性。

（4）单击"确定"按钮，关闭属性对话框。

（5）单击工具栏上的"向上"按钮，回到上一级文件夹。

（6）选择文件夹 LX1。

（7）选择"文件"菜单中的"属性"命令，打开文件夹属性对话框，如图 1-17 所示。

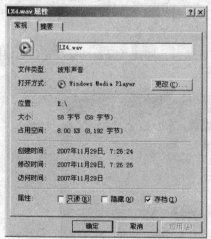
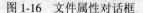

图 1-16　文件属性对话框

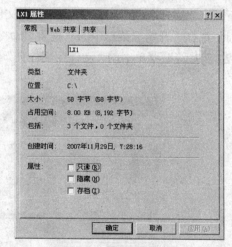

图 1-17　文件夹属性对话框

（8）单击对话框中的"常规"标签，选项卡中显示该文件夹的属性，观察该文件夹具有什么属性。

（9）单击"确定"按钮，关闭属性对话框。

12．打开文件和文件夹

打开文件和文件夹，可以使用菜单命令和双击的方法。

（1）右击文件夹 LX1。

（2）在弹出的快捷菜单中选择"打开"命令，这时，在新打开的窗口中显示文件夹 LX1 的内容。

（3）双击打开文件夹 LX1，这时在资源管理器右窗格中显示该文件夹的内容。

可见，打开一个文件夹，就是显示该文件夹中的具体内容。

（4）在左窗格中单击"C:\Windows"文件夹，然后，在右窗格中单击选择文件"calc.exe"，这是一个计算器的应用程序。

（5）选择"文件"菜单中的"打开"命令，这时，屏幕上显示了该程序的运行窗口。

可见，打开一个应用程序，就是运行该应用程序。

（6）在当前文件夹下，新建一个名为"LX5"的空白的文本文件，并选择该文件。

（7）选择"文件"菜单中的"打开"命令，这时系统先打开了"记事本"程序，在此程序中显示了"LX5"的内容，程序窗口的标题栏显示的是文件名"LX5.txt"。

（8）关闭"记事本"程序窗口。

（9）在当前文件夹下，新建一个名为"LX6"的空白的.bmp 图像文件，并选择该文件。

（10）选择"文件"菜单中的"打开"命令，这时 Windows 操作系统会打开附件中的"画图"程序，并在此程序中显示了"LX6"的内容，程序窗口的标题栏显示的是文件名"LX6.bmp"。

（11）关闭"画图"程序窗口。

从步骤（6）～（11）的操作可以看出，打开一个文档文件时，首先运行与该文档相关联的程序，然后在此程序中打开文档。

13. 查找文件或文件夹

下面查找文件名以"LX"开头的所有文件，操作过程如下：

（1）选择"开始"菜单中的"搜索"命令，打开级联菜单。

（2）选择级联菜单中的"文件或文件夹"命令，这时，打开"搜索结果"窗口，如图 1-18 所示。

图 1-18 "搜索结果"窗口

（3）在左窗格中设置以下的搜索方法：

● 在"要搜索的文件或文件夹名为"文本框中输入要查找的带通配符文件名"LX*"。

● 在"搜索范围"下拉列表框中选择要查找的驱动器，这里选择所有的驱动器。

（4）单击"立即搜索"按钮，开始搜索，这时，在右窗格中，显示出搜索到的结果，就是本次实验创建的所有以 LX 开头的文件和文件夹。

14．"回收站"的常用操作

（1）在"回收站"窗口中选择已被删除的文件 LX1。

（2）选择"文件"菜单中的"还原"命令，这时，"回收站"中 LX1 图标消失，而在"我的电脑"窗口中重新出现。

（3）在"回收站"中右击 LX2 图标，弹出快捷菜单。

（4）选择菜单上的"删除"命令，弹出"确认文件删除"对话框。

（5）单击对话框中的"是"按钮，这时，"回收站"中的 LX2 图标消失，而在"我的电脑"窗口中也没有重新出现。

（6）在"我的电脑"窗口中单击 LX1 选中此文件。

（7）选择"文件"菜单上的"删除"命令，弹出"确认文件删除"对话框。

（8）单击对话框中的"是"按钮，重新删除 LX1，使其出现在"回收站"窗口。

（9）选择"回收站"窗口中的"文件"菜单的"清空回收站"命令，弹出"确认文件删除"对话框。

（10）单击对话框中的"是"按钮，删除回收站中的内容。

五、实验思考题

1．在资源管理器窗口的"查看"菜单中，可以使用几种显示方式，这些显示方式之间有什么不同？

2．总结选择文件和文件夹的不同方法。

3．打开一个文件或打开一个文件夹有什么不同？

4．回收站的主要操作有哪些？其中"文件"菜单中的"删除"和"清空回收站"命令有什么区别？

实验 1-3　快捷方式和控制面板

一、实验目的

1．理解快捷方式的含义并掌握快捷方式的创建方法。

2．了解控制面板中可以进行哪些属性的设置。

3．掌握控制面板中的常用设置，如显示器、鼠标、输入法和日期时间的操作方法。

二、实验内容

1．在桌面上为"计算器"程序创建快捷方式。

2．在"开始"菜单中为"计算器"程序创建快捷方式。

3．设置显示器的属性，常用设置如背景、屏幕保护、外观等的操作。

4．交换鼠标左右按钮的功能并且设置鼠标的双击速度。

5．安装输入法，删除输入法，将"智能 ABC"输入法设置为默认值，为"智能 ABC"输入法设置快捷键。

6．使用控制面板改变系统的日期和时间。

三、实验环境

Windows 2000 操作系统。

四、操作过程

1．在桌面上创建快捷方式

在桌面上为"计算器"程序创建快捷方式，该程序文件名为"calc.exe"，保存在 C 盘上的"Windows"文件夹中，操作过程如下：

（1）打开资源管理器窗口。

（2）在资源管理器窗口的文件夹左窗格中，单击 C 盘，然后单击 C 盘上的"Windows"文件夹。

（3）在右边的窗格中选择文件"calc.exe"，也就是要创建快捷方式的对象。

（4）选择"文件"菜单中的"发送到"命令，在级联菜单中选择"桌面快捷方式"命令，这时，可以看到，在桌面上为计算器程序创建了一个快捷方式，该快捷方式的图标左下角有一个小的箭头。

（5）右击快捷方式的图标，弹出快捷方式的属性对话框，该对话框显示了快捷方式的属性。

（6）对话框中有两个选项卡，分别打开这两个选项卡，观察所显示的内容。

2．在"开始"菜单中创建快捷方式

"开始"菜单的"程序"项的级联菜单"附件"命令中已经有程序"calc.exe"的快捷方式，这里直接在"程序"项下为该程序创建快捷方式，操作过程如下：

（1）单击"开始"按钮，打开"开始"菜单。

（2）指向"设置"命令，在级联菜单中选择"任务栏和开始菜单"命令，打开"任务栏和开始菜单属性"对话框，该对话框有两个选项卡，打开"高级"选项卡，如图 1-19 所示。

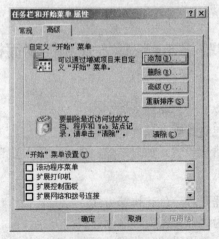

图 1-19　"任务栏和开始菜单属性"对话框

（3）单击对话框中的"添加"按钮，打开"创建快捷方式"对话框。

（4）在对话框的命令行文本框中输入应用程序文件所在的盘符、路径和文件名"C:\windows\calc.exe"，然后单击"下一步"按钮，打开"选择程序文件夹"对话框。

（5）在这个对话框中，选择放置新项目的文件夹，这里选择"程序"选项，然后单击"下一步"按钮，这时，打开"选择程序标题"对话框。

（6）在对话框中输入要在菜单上显示的名称，如"计算器"，单击"完成"按钮。

（7）单击"开始"按钮，打开"开始"菜单，这时可以看到"程序"项中多了一个命令"计算器"，选择该命令就可以打开"计算器"程序。

3. 从"开始"菜单中删除程序项名称

从"开始"菜单中将刚刚创建的程序项名称删除，操作过程如下：

（1）单击"开始"按钮，打开"开始"菜单。

（2）指向"设置"命令，在级联菜单中选择"任务栏和开始菜单"命令，打开"任务栏和开始菜单属性"对话框。

（3）单击对话框中的"删除"按钮，则弹出"删除快捷方式/文件夹"对话框。

（4）在对话框中选择要删除的程序名"计算器"，然后单击"删除"按钮，弹出确认删除文件对话框。

（5）单击"是"按钮，这时选择的程序名从"开始"菜单中删除。

4. 设置显示属性

本实验中对显示属性进行如下的设置：

◆ 将"海浪"图案设置为屏幕背景。

◆ 设置屏幕保护程序为"字幕显示"，显示的文字是"大学计算机基础"。

◆ 观察不同的外观方案显示的效果。

为进行这些设置，首先打开控制面板，操作过程如下：

（1）单击"开始"按钮，打开"开始"菜单。

（2）指向"设置"命令，打开级联菜单。

（3）选择级联菜单中的"控制面板"命令，打开"控制面板"窗口。

"控制面板"窗口中包含许多的图标，每个图标对应了一个设置，双击某个图标可以进行该选项的设置。

（4）双击控制面板中的"显示"图标，打开"显示属性"对话框，如图 1-20 所示，对话框中有 6 个选项卡。

（5）设置背景时，打开"背景"选项卡。

（6）在墙纸列表框中选择"海浪"墙纸文件。

（7）单击对话框右边"显示图片"框的下三角按钮"▼"，打开下拉列表框。

（8）在下拉列表框中选择"平铺"选项，对话框中可以预览屏幕的显示效果，然后单击"应用"按钮，观察新设置背景的效果。

（9）设置屏幕保护程序时，打开"屏幕保护程序"选项卡。

（10）单击"屏幕保护程序"框右边的下三角按钮"▼"，打开下拉列表框。

（11）在下拉列表框中选择名为"字幕显示"的屏幕保护程序。

图1-20 "显示属性"对话框

（12）单击"设置"按钮，打开"字幕设置"对话框，向其中的"文字"文本框中输入滚动文字"大学计算机基础"，"速度"设置为"慢"，"背景颜色"设置为蓝色，然后单击"确定"按钮返回到"显示属性"对话框。

（13）在"等待"微调框中将等待时间设置为1分钟。

（14）单击"预览"按钮，在屏幕上预览显示实际设置的效果，然后按任意键返回到对话框。

（15）单击"应用"按钮，这时不要操作键盘和鼠标，观察1分钟后屏幕保护程序是否启动。

（16）设置外观时，打开"外观"选项卡。

（17）单击"方案"框右边的下三角按钮"▼"，打开下拉列表框。

（18）在下拉列表框中选择"Windows 经典（大）"方案，观察屏幕上预览显示的效果。

（19）继续在列表框中选择其他的方案，比较预览显示的效果，然后在下拉列表框中选择"Windows 标准"选项，恢复外观原来使用的方案。

（20）单击"关闭"按钮，关闭此对话框。

5．设置鼠标属性

（1）双击"控制面板"窗口中的"鼠标"图标，打开"鼠标属性"对话框，如图1-21所示，对话框中有4个选项卡。

（2）首先进行按钮设置，打开"鼠标键"选项卡，在"鼠标键配置"选项区域中，选择"左手习惯"单选按钮，然后，单击"应用"按钮。

（3）在屏幕上的任意位置单击，观察屏幕上有什么反应，是完成某个操作，还是打开快捷菜单。

（4）在对话框的"双击速度"选项区域中用左键拖动滑块，尝试能否拖动，再用右键尝试。

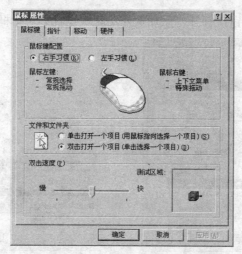

图 1-21　"鼠标属性"对话框

可见，鼠标左右按钮的功能已发生交换，并且设置后必须单击"确定"或"应用"按钮后方能生效。

（5）在"鼠标键配置"选项区域中右击选择"右手习惯"单选按钮，然后右击"应用"按钮，恢复原来的右手习惯。

（6）单击屏幕上的任意位置，观察屏幕上有什么反应，是完成某个操作，还是打开快捷菜单。

（7）在"双击速度"选项区域中用左键拖动滑块，尝试这次能否拖动。

可见，鼠标的左右按钮已恢复原来的设置。

（8）在"双击速度"选项区域中向左拖动滑块减慢双击速度，然后在"测试区域"选项区域中双击图标进行实际测试。

（9）在"双击速度"选项区域中向右拖动滑块加快双击速度，然后在"测试区域"选项区域中双击图标进行实际测试。

经过测试后，可以将改变双击速度的滑块调整到合适的位置。

（10）观察不同状况下的鼠标指针的形状，打开"指针"选项卡。

（11）观察列表框中的各种鼠标的形状，特别注意"正常选择"、"帮助选择"、"忙"和"链接选择"的具体形状。

（12）单击"方案"右边的下三角按钮"▼"，打开下拉列表框。

（13）在列表框中选择"Windows 反转（特大）（系统方案）"选项，然后观察列表框中的各种鼠标指针形状的变化。

（14）单击"确定"按钮，关闭"鼠标属性"对话框。

6．设置输入法

本实验进行安装输入法和删除输入法，将"智能 ABC"输入法设置为默认值，为"智能ABC"输入法设置快捷键的操作。操作过程如下：

（1）双击"控制面板"窗口中的"键盘"图标，打开"键盘属性"对话框。

（2）在对话框中打开"输入法区域设置"选项卡，如图 1-22 所示。

（3）单击"添加"按钮，打开"添加输入法区域设置"对话框，如图1-23所示。

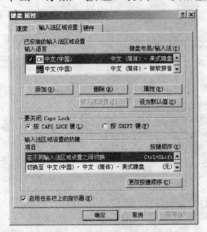

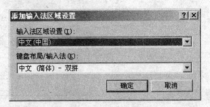

图1-22 "键盘属性"对话框　　　　图1-23 "添加输入法区域设置"对话框

（4）在"输入法区域设置"下拉列表框中选择输入法区域，这里选择"中文（中国）"，然后，在"键盘布局/输入法"下拉列表框中选择要添加的输入法名称，这里选择"中文（简体）-内码"。

（5）单击"确定"按钮，完成输入法的添加，返回到"键盘属性"对话框。

（6）删除已安装的某个输入法时，在图1-22的对话框中，在"已安装的输入法区域设置"列表框中选择要删除的输入法，然后单击"删除"按钮，即可删除该输入法。

（7）将"智能ABC"输入法设置为默认值。在图1-22的对话框中，在"已安装的输入法区域设置"列表框中选择"中文（简体）-智能 ABC"输入法，然后单击"设为默认值"按钮，这时，该输入法名称前面自动添加了一个"√"。

（8）单击"应用"按钮，这个输入法被设置为默认值。

（9）使用快捷键【Ctrl+空格】切换到中文输入，可以看到，直接切换到的中文输入方法是"智能ABC"。

（10）为"智能ABC"输入法设置快捷键"左手 ALT+SHIFT"。在图1-22的对话框中，在"已安装的输入法区域设置"列表框中选择"中文（简体）-智能 ABC"输入方法，然后单击"更改按键顺序"按钮，打开"更改按键顺序"对话框。

（11）在"更改按键顺序"对话框中，先选中"启用按键顺序"复选框，然后选中下方的"左手 ALT"单选按钮，最后单击"确定"按钮，返回到"键盘属性"对话框。

（12）在"键盘属性"对话框中单击"确定"按钮，使设置的快捷键生效，并关闭该对话框。

7. 显示和设置系统的日期和时间

（1）在"控制面板"窗口中双击"日期/时间"图标，打开"日期/时间属性"对话框，如图1-24所示。

对话框中有两个选项卡，"日期和时间"选项卡用来调整日期和时间，在左边调整日期，在右边调整时间。

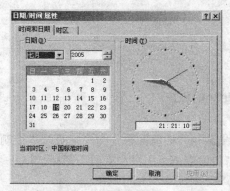

图 1-24　"日期/时间属性"对话框

（2）观察屏幕上显示的系统日期和时间是多少。

（3）观察日期中的年、月、日分别是以什么形式显示的。

（4）设置日期时，在左边的下拉列表框中设置月份，在微调框中输入年份，在月历列表框中单击选择具体的某一天。

（5）调整时间时，在对话框右边的微调框中单击时、分、秒的某一个，然后单击增/减按钮调整时间。

（6）单击"确定"按钮，保存所做的设置并关闭对话框。

五、实验思考题

1．创建快捷方式的目的是什么？在快捷方式的属性对话框中，有几个选项卡，每张选项卡中分别显示了什么内容？

2．有哪些方法可以打开"控制面板"窗口？在控制面板中可以进行的设置有哪些？

3．在桌面的背景设置中，在"显示图片"下拉列表框中有几种显示方式？

4．在"日期/时间属性"对话框中，日期中的年、月、日分别是以什么形式显示的？

实验 1-4　用户和组的创建与删除

一、实验目的

1．熟悉 Windows 2000 的多用户管理。

2．掌握创建用户账户的基本方法。

3．熟悉 Windows 2000 的组管理。

4．掌握创建和删除组的基本方法。

二、实验内容

1．创建用户名为 student 的账户。

2．删除创建的 student 账户。

3．创建一个名为 group 的组。

4．删除 group 组。

三、实验环境

Windows 2000 操作系统。

四、操作过程

1. 创建用户名为 student 的账户

操作过程如下：

（1）选择"开始"｜"设置"｜"控制面板"命令，打开"控制面板"窗口。

（2）在"控制面板"窗口中双击"用户和密码"图标，打开"用户和密码"对话框，如图 1-25 所示。

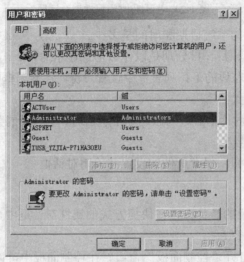

图 1-25 "用户和密码"对话框

（3）在对话框中，单击"用户"标签，在"本机用户"列表框中显示了已经存在的用户账户，选中"要使用本机，用户必须输入用户名和密码"复选框，让使用本机的用户登录时，都必须输入用户名和密码。

（4）单击"添加"按钮，弹出"添加新用户"对话框，如图 1-26 所示，要求输入新的用户名、全名和说明，其中用户名必须填写，全名和说明可以不填写。

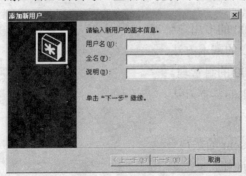

图 1-26 "添加新用户"对话框

（5）向"用户名"文本框中输入"student"，"全名"文本框中也输入"student"，"说明"文本框为空。

（6）单击"下一步"按钮，打开新的对话框，该对话框提示用户输入密码并确认密码，如图 1-27 所示。

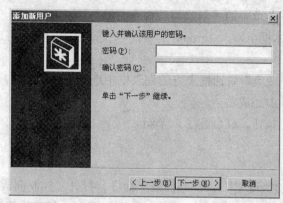

图 1-27 "添加新用户"对话框之输入并确认密码

（7）输入的密码会以星号显示，以保证密码输入的安全性，密码输入后，单击"下一步"按钮，打开如图 1-28 所示的对话框，在其中可以进行用户权限的基本设置。

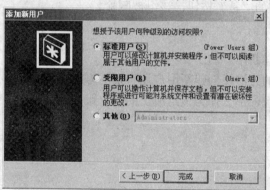

图 1-28 "添加新用户"对话框之设置访问权限

（8）设置用户权限后，单击"完成"按钮，返回到"用户和密码"对话框。可以看到名为"student"的用户出现在"本机用户"列表框中。

2．删除创建的 student 账户

操作过程如下：

（1）选择"开始"|"设置"|"控制面板"命令，打开"控制面板"窗口。

（2）双击"控制面板"窗口中的"用户和密码"图标，打开"用户和密码"对话框。

（3）在"用户和密码"对话框中，单击"用户"标签，选中刚才创建的"student"用户账户。

（4）单击"删除"按钮，弹出确认删除对话框。

（5）单击"是"按钮，即可删除 student 用户账户。

3．创建一个名为 group 的组

操作过程如下：

（1）选择"开始"|"设置"|"控制面板"命令，打开"控制面板"窗口。

（2）双击"控制面板"窗口中的"计算机管理"图标，打开计算机管理器。

（3）单击"本地用户和组"选项卡中的"组"选项。

（4）选择"操作"菜单中的"新建组"命令。

（5）在"组名"文本框中输入"group"，"描述"文本框中的信息可以省略，然后单击"添加"按钮。

（6）在"选择用户或组"对话框上方的列表框中选择要添加的用户或组，然后单击"添加"按钮，即可向组中添加成员。

（7）单击"创建"按钮，就创建了一个组。

4．删除 group 组

操作过程如下：

（1）选择"开始"|"设置"|"控制面板"命令，打开"控制面板"窗口。

（2）双击"控制面板"窗口中的"计算机管理"图标，打开计算机管理器。

（3）在"计算机管理"窗口中，右击要删除的组"group"，弹出快捷菜单。

（4）从快捷菜单中选择"删除"命令，弹出确认删除对话框。

（5）单击对话框中的"是"按钮，该组被删除。

五、实验思考题

1．简述实验中创建新用户的主要步骤。

2．除了实验所用的方法，创建新用户还有别的方法吗？

3．如果删除本地组，那么作为该组成员的用户账户也被删除了吗？

第 2 章 // 文字处理系统 Word 2000

实验 2-1 Word 2000 的基本操作

一、实验目的

1. 熟悉 Word 2000 窗口的基本组成。
2. 了解"常用"工具栏和"格式"工具栏中常用按钮的作用。
3. 掌握建立文档和录入文本的基本方法。
4. 掌握文档的基本操作。
5. 掌握文字的查找、替换等基本编辑方法。

二、实验内容

1. Word 2000 窗口各部分的作用及工具栏的使用。
2. 文档的基本操作和文本的录入方法。
3. 文本的查找、替换等编辑方法。

三、实验环境

Microsoft Word 2000。

四、操作过程

1. Word 2000 窗口的组成及工具栏的显示

（1）单击"开始"按钮，打开"开始"菜单。

（2）将鼠标指向"程序"项，这时打开级联菜单。

（3）在此菜单中选择 Microsoft Word 命令，启动 Word 2000，打开应用程序窗口。

（4）在此窗口中观察以下内容：

- 整个窗口由哪些部分组成，每个部分的功能是什么？

- 刚启动 Word 后，标题栏上显示的文档名是什么？

- 分别单击窗口中的每一个命令菜单，各个菜单中由哪些命令组成？

- 观察窗口其他部分如"常用"工具栏、"格式"工具栏、标尺中的各个按钮。

（5）首先观察窗口中有无"常用"工具栏和"格式"工具栏。

（6）单击"视图"菜单，然后指向"工具栏"项，打开级联菜单，该级联菜单中显示了许多工具栏的名称，有些名称前有 ✔，表示在窗口中显示了该工具栏，因此，可以使用该菜单显示或隐藏某个工具栏。

（7）在级联菜单中，选择"常用"命令，观察窗口的变化，并注意这时有无"常用"工具栏。

（8）用同样的方法将"格式"工具栏显示或隐藏。

（9）分别观察将鼠标移动到窗口的不同位置时鼠标形状的变化。

- 将鼠标移动到"菜单"和工具栏上观察鼠标的形状。

- 观察鼠标移到文本区时是什么形状。
- 观察鼠标移到文本区和垂直标尺之间时是什么形状。

2．建立新文档及输入文本

（1）单击"文件"菜单。

（2）选择菜单上的"新建"命令，打开"新建"对话框，如图 2-1 所示。

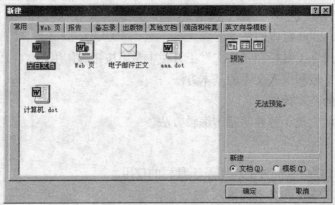

图 2-1 "新建"对话框

（3）打开"常用"选项卡。

（4）选择"文档"单选按钮。

（5）单击"确定"按钮，关闭对话框，打开文档窗口。

（6）单击任务栏上的输入法指示器选择一种汉字输入法。

（7）单击正文区输入文字的起点。

（8）在正文区中输入以下的内容：

> 　　国际标准化组织（ISO）对计算机安全的定义为：所谓计算机安全，是指为数据处理系统建立和采取的技术和管理的安全保护，保护计算机硬件、软件和数据不因偶然和恶意的原因而遭到破坏、更改和泄密。
>
> 　　这个定义中包含了两方面内容：物理安全和逻辑安全。物理安全指计算机系统设备及相关设备受到保护，免于被自然灾害或有意地破坏，防止信息设备的丢失等；逻辑安全则指保障计算机信息系统的安全，即保障计算机中处理信息的完整性、保密性和可用性。

（9）保存文档，单击工具栏中的"保存"按钮或选择"文件"菜单的"保存"命令，对于建立的新文件，会弹出"另存为"对话框。

（10）在对话框的"文件名"文本框内输入新文件名"LX1.doc"，然后单击"确定"按钮，关闭对话框，录入的内容以新的文件名存盘。

此时，新文档建立完毕。

3．文档的基本操作

（1）打开文档，单击"文件"菜单。

（2）选择"打开"命令，弹出"打开"对话框，如图 2-2 所示。

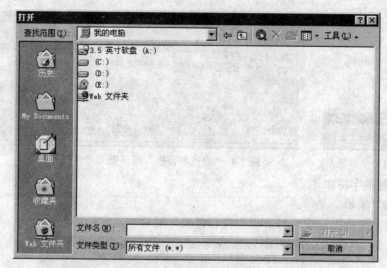

图 2-2 "打开"对话框

（3）单击"文件名"组合框中的文件"LX1"选择此文件。

（4）单击"打开"按钮，打开此文件。

（5）单击"文件"菜单。

（6）选择"另存为"命令，打开"另存为"对话框。

（7）向此对话框的"文件名"组合框内输入新文件名"LX2.doc"。

（8）单击"确定"按钮，关闭对话框，则 Word 窗口中显示新文件名的文档，原文件保留不变，即完成了复制文档。

（9）原名保存，在输入或编辑文档时经常单击"保存"按钮来保存文件，避免因意外情况而导致输入的内容丢失。

4．显示比例

（1）单击工具栏上"显示比例"按钮右边的下三角按钮，打开下拉列表框。

（2）在下拉列表框中选择"200%"选项，观察屏幕上显示文档的大小。

（3）重新选择显示比例"50%"，观察屏幕上显示文档的大小。

5．全屏显示

（1）单击"视图"菜单。

（2）选择"全屏显示"命令，这时屏幕上菜单栏、工具栏等全部消失，整个屏幕全部用来显示文档的内容以及"关闭全屏显示"按钮，如图 2-3 所示。

（3）单击"关闭全屏显示"按钮，使屏幕回到正常显示文档的状态。

6．查找字符串

（1）单击"编辑"菜单。

（2）选择"查找"命令，打开"查找和替换"对话框，如图 2-4 所示。

（3）在"查找内容"文本框中输入"安全"。

（4）单击"查找下一处"按钮进行查找，找到的字符串以反白显示。

（5）继续单击"查找下一处"按钮，查找该字符串重复出现的地方。

（6）单击"取消"按钮，关闭此对话框。

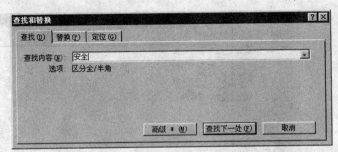

图 2-3 全屏显示　　　　图 2-4 "查找和替换"对话框的"查找"选项卡

7. 逐个替换字符串

（1）单击"编辑"菜单。

（2）选择"替换"命令，打开"查找和替换"对话框，如图 2-5 所示。

图 2-5 "查找和替换"对话框的"替换"选项卡

（3）在"查找内容"文本框中输入"计算机"。

（4）在"替换为"文本框中输入"电脑"。

（5）单击"查找下一处"按钮进行查找，观察屏幕上找到的字符串以反白显示。

（6）单击"替换"按钮进行替换。

（7）重复步骤（5）、（6），继续替换其他重复出现的字符串。

（8）单击"取消"按钮，关闭"查找和替换"对话框。

8. 全部替换字符串

（1）单击"编辑"菜单。

（2）选择"替换"命令，打开"查找和替换"对话框。

（3）在"查找内容"文本框中输入"电脑"。

（4）在"替换为"文本框中输入"计算机"。

（5）单击"全部替换"按钮将文档中的所有字符串"电脑"替换为"计算机"，弹出完成替换对话框。

（6）单击"确定"按钮，关闭此对话框。

（7）单击"关闭"按钮，关闭"查找和替换"对话框。

五．实验思考题

1．列出启动 Word 的几种方法。

2．写出 Word 窗口的组成元素名称。

3．说明隐藏"绘图"工具栏的操作步骤。

4．在工具栏上找出对应于命令"剪切"、"复制"、"粘贴"、"撤销"、"恢复"、"格式刷"的按钮。

实验 2-2　排 版 操 作

一、实验目的

1. 了解字符格式、段落格式、页面格式各自包含的设置内容。
2. 熟练掌握字符格式中字体、字号、修饰的设置方法。
3. 掌握段落格式中对齐、缩进等的设置方法。
4. 掌握格式刷的作用和使用方法。
5. 了解页面格式的设置方法。

二、实验内容

1. 对实验 2-1 建立的文档进行不同字符格式的设置，具体的字符格式如下：
（1）字体、字号、修饰
（2）字间距和缩放
（3）上下标的设置
（4）边框和底纹
2. 对文档进行段落格式的设置，具体的段落格式如下：
（1）对齐方式
（2）缩进方式
（3）段落行距
3. 对文档进行常用的页面格式设置，具体的页面格式如下：
（1）设置纸张大小
（2）页边距
（3）页码
（4）页眉和页脚

三、实验环境

Microsoft Word 2000。

四、操作过程

1. 设定字体、字号、修饰

操作过程如下：
（1）打开实验 2-1 建立的文档"LX1"。
（2）单击第一段第一个字的左边定位插入点。
（3）按回车键增加一个空行。
（4）定位第一行，并在此行输入标题"计算机安全"。
（5）选中刚输入的标题。
（6）单击"格式"工具栏（见图 2-6）中字体右侧的下三角按钮，打开字体下拉列表框。

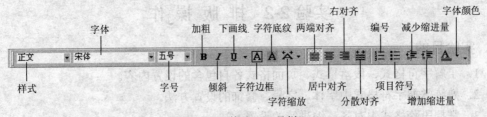

图 2-6 "格式"工具栏

（7）选择下拉列表框中的"楷体"，观察标题文字字体的变化。

（8）单击"格式"工具栏中字号组合列表框右侧的下三角按钮，打开"字号"下拉列表框。

（9）选择下拉列表框中的"三号"选项，观察标题文字字号的变化。

（10）分别单击"格式"工具栏上的"加粗"、"倾斜"、"下画线"、"边框"、"字符底纹"按钮，观察标题文字的变化。

2．字间距和缩放

操作过程如下：

（1）选中标题"计算机安全"。

（2）单击"格式"工具栏上"字符缩放"按钮右侧的下三角按钮，打开"缩放比例"下拉列表框，如图 2-7 所示。

（3）选择"200％"比例，观察标题文字的变化，注意发生变化的是文字的高度还是宽度。

（4）重新选择缩放比例"150％"、"50％"，分别观察宽度的变化。

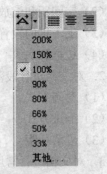

图 2-7 "缩放比例"下拉列表框

（5）单击"格式"菜单，选择"字体"命令，打开"字体"对话框。

（6）打开"字符间距"选项卡，然后单击"间距"下拉列表框右侧的下三角按钮，打开"间距"下拉列表框。

（7）选择下拉列表框中的"加宽"。

（8）单击"确定"按钮，对比标题和正文中文字之间的距离有什么不同。

（9）重新打开"字体"对话框，单击"间距"下拉列表框右侧的下三角按钮，打开"间距"下拉列表框。

（10）选择下拉列表框中的"紧缩"，然后单击"确定"按钮，对比标题和正文中文字之间的距离有什么不同。

3．上下标及格式刷的使用

（1）将光标定位到文档的末尾，按回车键，使光标移到下一行，然后从键盘输入如下内容：

$$X12+X22=Y2$$

（2）选中"X"后面的数字"1"。

（3）单击"格式"菜单，选择"字体"命令，打开"字体"对话框，如图 2-8 所示。

图 2-8 "字体"对话框

（4）打开"字体"选项卡，选中"效果"选项区域中的"下标"复选框。

（5）单击"确定"按钮，观察数字"1"大小和位置的变化。

（6）单击"常用"工具栏上形状如刷子的"格式刷"按钮 ，这时光标形状中带有刷子。

（7）用这种形状的鼠标在"X22"中的第一个数字"2"上拖动，则下标格式被复制到此数字上，这时"2"也变为下标显示。

（8）选中加号"＋"前面的数字"2"。

（9）单击"格式"菜单，选择"字体"命令，打开"字体"对话框。

（10）打开"字体"选项卡，选中"效果"选项区域中的"上标"复选框。

（11）单击"确定"按钮，观察数字"2"大小和位置的变化。

（12）用"格式刷"按钮分别对"＝"前的数字"2"和 Y 后面的数字"2"复制相同的上标格式，最终数学公式应设置成下面的形式：

$$X_1{}^2+X_2{}^2=Y^2$$

4．边框和底纹

（1）选中文档中的标题。

（2）单击"格式"菜单。

（3）选择"边框和底纹"命令，打开"边框和底纹"对话框，如图 2-9 所示。

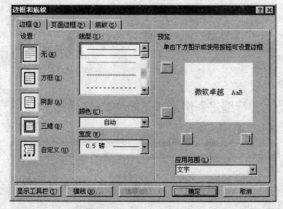

图 2-9 "边框和底纹"对话框的"边框"选项卡

（4）打开"边框"选项卡。

（5）在此对话框中：

- 单击"设置"选项区域中的"阴影"选项，选择带阴影的方框。
- 在"线型"列表框中选择双波浪线选项。
- 在"颜色"下拉列表框中选择蓝色选项。
- 在"宽度"下拉列表框中选择 2.25 磅宽度。

（6）打开"底纹"选项卡，如图 2-10 所示。

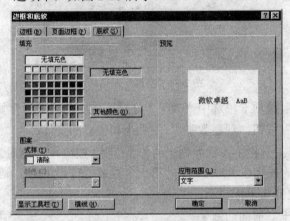

图 2-10 "边框和底纹"对话框的"底纹"选项卡

（7）在此对话框中：

- 在"填充"选项区域中选择绿色选项。
- 在图案的"式样"下拉列表框中选择"10%"选项。

（8）单击"确定"按钮，观察此标题的边框和底纹的设置结果。

5．对齐方式

（1）选中文档中的标题。

（2）分别单击"格式"工具栏上的"两端对齐"、"居中对齐"、"右对齐"和"分散对齐"按钮（见图 2-11），观察此标题所显示的对齐方式。

图 2-11 工具栏上的对齐按钮

6．缩进方式

（1）选中文档的第一段。

（2）在标尺上拖动"首行缩进"滑块（见图 2-12），观察此段第一个字的缩进情况。

图 2-12 标尺上设置缩进方式的滑块

（3）拖动"左缩进"滑块，观察此段左边位置的变化。

（4）拖动"右缩进"滑块，观察此段右边的变化，同时注意到该段按新的缩进位置重新调整行中的字数。

7．段落行距

（1）选中文档的第一段。

（2）单击"格式"菜单。

（3）选择"段落"命令，打开"段落"对话框，如图 2-13 所示。

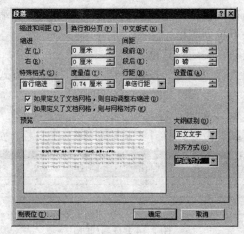

图 2-13　"段落"对话框

（4）打开"缩进和间距"选项卡。

（5）在此对话框中，单击"行距"下拉列表框右侧的下三角按钮。

（6）选择下拉列表框中的"2 倍行距"。

（7）在"段后"微调框中将段后距离设置为"18 磅"。

（8）单击"确定"按钮，观察此段落行间的距离与第二段落行间距离的区别，同时注意第一段最后一行和第二段第一行之间的距离。

8．复制段落格式

（1）第一段的段落格式已经设置，选中第一段的段落标记，即该段末尾的回车符"↵"。

（2）单击工具栏上的"复制"按钮，将段落格式复制到剪贴板上。

（3）选中第二段末尾的段落标记。

（4）单击工具栏上的"粘贴"按钮复制段落格式，观察此时第二段的段落格式与第一段是否相同。

9．设置纸张大小

（1）单击"文件"菜单。

（2）选择"页面设置"命令，打开"页面设置"对话框。

（3）打开"纸型"选项卡。

（4）在此对话框中，单击"纸型"下拉列表框右侧的下三角按钮。

（5）在下拉列表框中选择纸张 A4（210×297 毫米）。

10．页边距

（1）打开"页边距"选项卡。

（2）在此对话框中，将"上"、"下"、"左"、"右"边距分别设置为3厘米、3厘米、2厘米、2厘米。

（3）单击"确定"按钮，关闭此对话框。

（4）单击"常用"工具栏上的"打印预览"按钮，在"打印预览"方式下观察所做的设置。

11. 页码

（1）单击"插入"菜单，选择"页码"命令，打开"页码"对话框。

（2）在此对话框中，在"位置"下拉列表框中选择"页面底端（页脚）"。

（3）在"对齐方式"下拉列表框中选择"居中"。

（4）单击"确定"按钮，关闭对话框。

（5）单击工具栏上的"打印预览"按钮，在"打印预览"方式下观察所做的设置。

12. 页眉和页脚

（1）单击"视图"菜单。

（2）选择"页眉和页脚"命令，打开"页眉/页脚"工具栏，如图2-14所示。

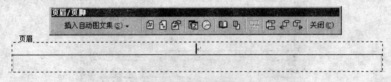

图2-14 页眉/页脚

（3）在"页眉"框中输入"大学计算机基础"。

（4）单击"页眉/页脚"工具栏上的"关闭"按钮，结束页眉的输入。

（5）单击"常用"工具栏上的"打印预览"按钮，在"打印预览"方式下观察插入的页眉。

五、实验思考题

1. 列出设置字符格式的常用方法。

2. 写出段落格式的设置包含哪些内容。

3. 工具栏上的"格式刷"按钮有什么作用？说明其具体的使用方法。

4. 举例说明常用的页面格式有哪些。

实验 2-3　表格的创建及编辑

一、实验目的

1. 掌握制作表格的各种方法。

2. 熟悉表格中的格式设置。

3. 掌握表格的常用编辑方法。

二、实验内容

1. 用菜单和工具栏绘制规则表格。

2. 向表格中输入内容并设置字符格式。

3. 对建立的表格进行不同的编辑，包括插入、删除行或列等。

4. 合并单元格。

三、实验环境

Microsoft Word 2000。

四、操作过程

1．用菜单命令制表

（1）在文档中单击插入点。

（2）单击"表格"菜单。

（3）选择"插入表格"命令，打开"插入表格"对话框，如图 2-15（a）所示。

（4）在对话框的"列数"微调框内输入 3。

（5）在对话框的"行数"微调框内输入 4。

（6）单击"确定"按钮，在光标处插入 4 行 3 列的规则表格。

（7）单击工具栏上的"撤销"按钮将刚插入的表格删除。

2．用工具按钮制表

（1）在文档中单击插入点。

（2）单击工具栏上的"插入表格"按钮，屏幕上弹出空白表格行和列选择表，如图 2-15（b）所示。

（3）用鼠标在选择表上拖出 6×5 表格，即 6 行 5 列。

（4）释放鼠标，所定义的表格出现在插入点。

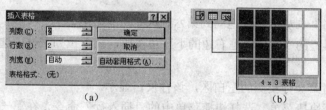

（a）　　　　　　　　　　（b）

图 2-15　表格制作方法

3．向表格中输入文字

（1）单击第一行第一列的单元格。

（2）在此单元格中输入"学号"。

（3）用同样方法在其他单元格输入如表 2-1 所示的数据，形成如下形式的表格。

表 2-1　表格中的数据

学号	姓名	数学	物理	化学
06010001	张平平	67	76	67
06010002	李化	78	67	89
06010003	齐红	67	67	90
06010004	张羽	90	77	56
06010005	王红	67	80	76

4．设置表格内的文字格式

设置所有单元格内的文字在单元格内水平方向居中对齐，将表头文字设置为黑体、4 号、垂直居中。

（1）在第一行第一列，从"学号"单元格沿对角线方向拖动到右下角的第六行第五列，选中所有单元格。

（2）单击"格式"工具栏上的"居中"按钮，设置所有单元格的文字在各自的单元格内水平居中。

（3）观察有无"表格和边框"工具栏，如果没有，从"视图"菜单中选择"工具栏"命令将其打开，如图2-16所示。

图2-16　"表格和边框"工具栏

（4）在第一行表格中，从"学号"单元格拖动到"化学"单元格，选中标题行。

（5）单击"格式"工具栏的"字号"框右边的下三角按钮，在下拉列表框中选择"四号"选项。

（6）单击"格式"工具栏的"字体"框右边的下三角按钮，在下拉列表框中选择"黑体"选项。

（7）单击"表格和边框"工具栏上的"垂直居中"按钮，将标题文字在各自的单元格内垂直居中。

（8）在"姓名"列从第二行拖动到第六行选中所有姓名。

（9）单击工具栏的"字体"框右边的下三角按钮，在下拉列表框中选择"楷体"选项。

5．编辑表格

（1）单击表格第一行左侧的空白区，该行反白显示。

（2）右击打开快捷菜单，选择快捷菜单中的"插入行"命令，在第一行上边增加一个空白行。

（3）单击表格最后一行最右侧的空白区，即段落标记处。

（4）直接按回车键，也可以在最后一行下边增加空白行。

（5）将鼠标移动到表格第一列的上边，当形状变为"↓"时，右击打开快捷菜单。

（6）选择快捷菜单中的"删除列"命令，将学号一列删除。

（7）单击表格第四行左侧的空白区即姓名为"李化"的一行，该行反白显示。

（8）右击打开快捷菜单。

（9）选择快捷菜单中的"删除行"命令，将此行删除。

6．合并单元格

（1）单击"表格和边框"工具栏上的橡皮形状的擦除按钮。

（2）用此按钮分别将第一行前3个单元格两两之间的竖线擦除，将三个单元格合并为一个。

（3）选定第一行的所有单元格。

（4）单击"表格"菜单。

（5）选择"合并单元格"命令，这样，第一行所有单元格合并为一个单元格。

（6）在第一行单元格中输入文本"学生成绩表"，并将其设置为三号、楷体、水平居中。

五、实验思考题

1．总结绘制表格的不同方法。

2．通过工具栏归纳文本在单元格内的对齐方式有几种。

3．对建立的表格可以进行哪些编辑操作？

实验 2-4　图形的插入和编辑

一、实验目的

1．掌握插入图片以及设置图形格式的方法。

2．掌握用绘图工具绘图的方法。

3．掌握艺术字的设置。

4．熟悉图形的常用编辑方法。

二、实验内容

1．向文档中插入剪贴画。

2．使用"绘图"工具栏在文档中绘制图形。

3．设置艺术字。

三、实验环境

Microsoft Word 2000。

四、操作过程

1．从剪贴画库插入剪贴画

（1）单击文档中的插入点。

（2）单击"插入"菜单。

（3）指向"图片"项，打开级联菜单。

（4）选择"剪贴画"命令，打开"插入剪贴画"窗口，如图 2-17 所示。

图 2-17　"插入剪贴画"窗口之一

（5）在对话框中选择"动物"选项，打开新的窗口，如图 2-18 所示。

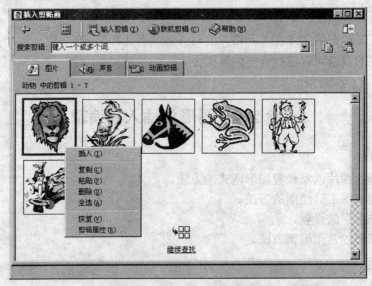

图 2-18 "插入剪贴画"窗口之二

（6）右击窗口中的"狮子"图片，在快捷菜单中选择"插入"命令，则图片被插入到正文中。

2．编辑剪贴画

对剪贴画进行放大、缩小、移动、复制操作，操作过程如下：

（1）单击刚插入的剪贴画，选中此图片，图片四个拐角及各边中点出现 8 个小方框，称为控点。

（2）拖动各边中点的 4 个控点，可改变图形尺寸。

（3）拖动 4 个拐角的控点，可按固定的长宽比例改变图形尺寸。

（4）用此方法将图片缩小到原来的 1/5。

（5）单击图形。

（6）按住【Ctrl】键后拖动鼠标复制图片。

（7）单击图形后，直接拖动鼠标将图片移动到文档的第一段前面。

3．设置图片和文字间的环绕方式

（1）单击移动到第一段前面的图片。

（2）右击弹出快捷菜单。

（3）选择"设置图片格式"命令，打开"设置图片格式"对话框，如图 2-19 所示。

（4）在此对话框中，打开"版式"选项卡。

（5）在"环绕方式"选项区域中单击"四周型"。

（6）单击"确定"按钮。

（7）将图片拖动到两段文字的中间，使文字在图片周围环绕。

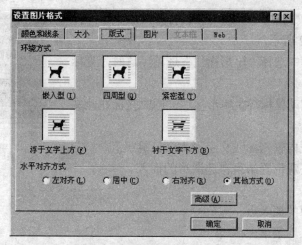

图 2-19 "设置图片格式"对话框

4. 设置对比度、亮度

（1）观察屏幕上有无"图片"工具栏，如果没有，通过选择"视图"菜单中的"工具栏"命令将其显示，如图 2-20 所示。

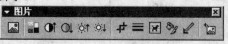

图 2-20 "图片"工具栏

（2）选中图片。

（3）连续单击"图片"工具栏上的"增加对比度"按钮，观察图片对比度的变化。

（4）分别单击"降低对比度"、"增加亮度"、"降低亮度"按钮，观察图片的变化。

5. 裁剪图形

（1）选中图片。

（2）单击"图片"工具栏上的"剪裁"按钮。

（3）将此工具移动到图片的右下角的小方框处。

（4）向左上方拖动鼠标剪裁此图片，将此图片裁剪到仅保留图片的右上角。

（5）将图片移动到合适的位置，使文字环绕在图片的周围。

6. 自选图形

（1）观察屏幕上有无"绘图"工具栏，如果没有，通过选择"视图"菜单中的"工具栏"命令使其显示，如图 2-21 所示。

图 2-21 "绘图"工具栏

（2）单击工具栏上"自选图形"按钮右边的下三角按钮，打开自选图形库的类型菜单。

（3）在类型菜单中指向"标注"项，打开级联菜单即标注的类型，如图2-22所示。

（4）在级联菜单中选择"矩形标注"选项，这时，光标变为"＋"形状。

（5）在文档区拖动鼠标产生矩形标注，同时光标在此文本框内闪动。

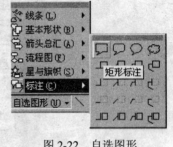

图2-22 自选图形

（6）向此文本框内输入标注文字"大学计算机"。

（7）单击框外任意位置结束自选图形的插入。

7. 插入艺术字

（1）单击文档中的插入点。

（2）单击"插入"菜单。

（3）指向"图片"项，打开级联菜单。

（4）选择"艺术字"命令，打开"'艺术字'库"对话框，如图2-23所示。

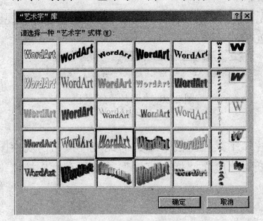

图2-23 "'艺术字'库"对话框

（5）选择第四行第三列的样式。

（6）单击"确定"按钮，打开"编辑'艺术字'文字"对话框，如图2-24所示。

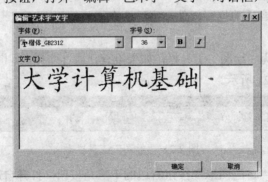

图2-24 "编辑'艺术字'文字"对话框

（7）在"字体"下拉列表框中选择"隶书"选项。

（8）在"字号"下拉列表框中选择"32"选项。

（9）在"文字"文本框内输入"大学计算机基础"。

（10）单击"确定"按钮，完成后的艺术字如图 2-25 所示。

图 2-25　完成后的"艺术字"

五、实验思考题

1. 通过"插入剪贴画"窗口了解 Word 2000 的剪贴画库中包括了哪些类图片？
2. 图片和文字的环绕方式有哪些？
3. 简要叙述设置艺术字的过程。

实验 2-5　邮 件 合 并

一、实验目的

1. 理解邮件合并的含义，掌握邮件合并的过程。
2. 掌握主文档和数据源的概念及创建方法。
3. 熟悉在主文档中插入合并域的方法。
4. 掌握将数据源中的数据合并到主文档的方法。

二、实验内容

在日常的办公工作中，经常要处理大量的报表、通知、标签和信件，对于同一种类型的通知、报表等，它们的格式和主要内容都是一样的，所不同的是其中具体的数据。显然，如果分别对每一张通知单分别进行处理，其效率是非常低的，Word 中提供的邮件合并功能在对这类文件处理时可以极大地减少重复工作。

在进行邮件合并操作时，要先创建两个文档，一个称为主文档，其中包含通知或报表中共同的内容和格式，另一个文档是数据源文档，其中包含可以变化的信息，如姓名、学号等。

然后在主文档中需要改变内容的位置插入合并域，合并域是一种特殊指令，用来向 Word 指示在主文档中放置数据源各个字段的位置。

最后执行合并操作，就可以将数据源中变化的数据代替主文档中合并域的位置，最终生成一个合并的文档。

本次实验要求创建的主文档"W1.doc"是开课通知单，数据源"W2.doc"是关于选修课程的信息，包含学生的姓名、课程名称、开课日期、上课地点，合并后的文档是"W3.doc"。

三、实验环境

Microsoft Word 2000。

四、操作过程

1. 创建"上课通知单"主文档

（1）启动 Word，单击工具栏上的"新建"按钮，创建一个新的文档。

（2）选择"工具"菜单中的"邮件合并"命令，打开"邮件合并帮助器"对话框，如图 2-26 所示。

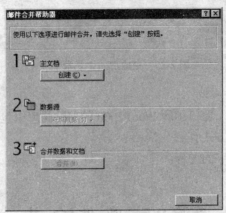

图 2-26 "邮件合并帮助器"对话框

（3）在对话框中，选择"主文档"下拉菜单中的"套用信函"选项，然后在弹出的对话框中单击"活动窗口"按钮，表示在当前活动窗口中建立一个主文档。

（4）向该文档中输入以下的内容：

> 开课通知
> 同学：
> 你选修的课程将于开课，上课地点是，请按时上课。
> 计算机系教学科
> 2006 年 3 月 20 日

（5）对上面输入的内容设置如下的格式：

- 将标题"开课通知"设置为 2 号黑体、居中对齐、段前 12 磅、段后 24 磅。
- 将第三行首行缩进两个字符、段前 12 磅、段后 12 磅。
- 将最后两行设置为 4 号楷体、右对齐、段前 6 磅、段后 6 磅。

设置后的文档如图 2-27 所示。

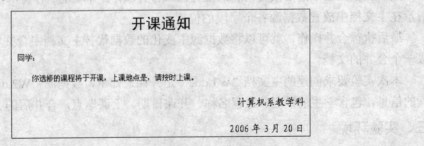

图 2-27 主文档的内容

（6）选择"文件"菜单中的"另存为"命令，将该主文档以文件名"W1.doc"保存。

2．创建数据源

数据源由若干行和若干列数据组成，每一列表示一个域（也称为字段），本数据源中有姓名、课程名称、上课时间和上课地点 4 个域，每一行是一条记录，每条记录代表一个学生的选课信息，操作方法如下：

（1）单击工具栏上的“新建”按钮，创建一个新的文档。

（2）在新文档中，创建 6 行 4 列的表格。

（3）向表格中输入具体的内容，输入后的表格如表 2-2 所示。

表 2-2　表格内容

姓名	课程名称	上课时间	上课地点
张亚利	C++程序设计	4 月 10 日 9~10 节	西 3 楼 402 教室
陈文	网页设计	4 月 11 日 9~10 节	东 1 楼 304 教室
李小亚	SQL Server 数据库	4 月 12 日 9~10 节	东 2 楼 504 教室
胡清	网页设计	4 月 11 日 9~10 节	东 1 楼 304 教室
张小丽	C++程序设计	4 月 10 日 9~10 节	西 3 楼 402 教室

（4）选择“文件”菜单中的“另存为”命令，将该数据源文档以文件名“W2.doc”保存。

3. 向主文档中插入合并域

（1）选择“工具”菜单中的“邮件合并”命令，打开“邮件合并帮助器”对话框。

（2）在对话框中，选择“数据源”下拉菜单中的“打开数据源”选项，在弹出的对话框中选择数据源文件“W2.doc”，然后单击“打开”按钮，这时，工具栏上出现“插入合并域”按钮。

（3）将光标定位在“同学”一词之前，单击“插入合并域”按钮，在下拉列表框中选择字段“姓名”，这时，主文档中出现用尖括号“《》”括起来的合并域，合并域中是字段名，在后来的合并中字段名将被具体的值代替。

要说明的是，这里的尖括号“《》”是 Word 自动插入的特殊字符，不可以自行输入。

（4）将光标定位在“课程”一词之后，单击“插入合并域”按钮，在下拉列表框中选择字段“课程名称”。

（5）将光标定位在“开课”一词之前，单击“插入合并域”按钮，在下拉列表框中选择字段“上课时间”。

（6）将光标定位在“地点是”之后，单击“插入合并域”按钮，在下拉列表框中选择字段“上课地点”。

插入了合并域后的主文档内容如图 2-28 所示。

开课通知

«姓名»同学：

你选修的课程«课程名称»将于«上课时间»开课，上课地点是«上课地点»，请按时上课。

计算机系教学科

2006 年 3 月 20 日

图 2-28　插入合并域后的主文档内容

4．将数据源与主文档合并

（1）选择"工具"菜单中的"邮件合并"命令，打开"邮件合并帮助器"对话框。

（2）在对话框中单击"合并数据和文档"选项区域的"合并"按钮，打开"合并"对话框，如图 2-29 所示。

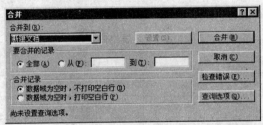

图 2-29 "合并"对话框

（3）在"合并"对话框中，在"合并到"下拉列表框中选择"新建文档"选项，在"要合并的记录"选项区域中选择"全部"单选按钮，然后单击"合并"按钮。

这时，合并的结果将保存到名为"套用信函 1"的文档中，在合并的结果中，用数据源中的每一条记录分别建立通知单，而且每一张通知单单独占一页，这样，合并结果中共有 5 页，其中某一页的内容如图 2-30 所示。

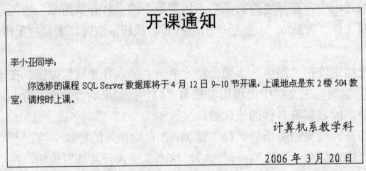

图 2-30 合并后的其中一条记录

（4）选择"文件"菜单中的"另存为"命令，将合并文档以"W3.doc"保存。

五、实验思考题

1．使用邮件合并有什么好处？

2．简述创建邮件合并的过程。

第 3 章 / 电子表格 Excel 2000

实验 3-1 建立工作表

一、实验目的

1. 掌握 Excel 的启动、退出方法。
2. 熟悉 Excel 窗口的基本组成。
3. 掌握建立工作表的一般方法。
4. 熟悉单元格格式的设置方法。
5. 掌握条件格式的设置。

二、实验内容

1. 输入数据建立工作表。
2. 有序数字的输入。
3. 设置单元格格式。
4. 将工作表中成绩小于 60 的单元格设置格式为倾斜和下画线。

三、实验环境

Microsoft Excel 2000。

四、操作过程

1. Excel 2000 的启动和窗口的组成

（1）单击"开始"按钮，打开"开始"菜单。

（2）将鼠标指向"程序"项，这时打开级联菜单。

（3）在此菜单中选择 Microsoft Excel 命令，启动 Excel，打开窗口，如图 3-1 所示。

（4）观察该窗口由哪些部分组成，每个部分的功能是什么。

（5）Excel 刚启动后，标题栏上显示的文档名是什么。

（6）观察工作表标签栏，默认情况下由几个工作表组成。

（7）单击最右边的垂直滚动条，观察工作表有多少行，最大行号是多少。

（8）单击最下边的水平滚动条，观察工作表有多少列，最大列标是多少。

（9）单击第二行和第四列交叉的单元格，观察工作表左上角的名称框内是否显示 D2。

2. 建立工作表

（1）单击 A1 单元格，从键盘输入"学号"。

（2）单击 B1 单元格，输入"姓名"。

（3）依次在 C1、D1、E1 单元格分别输入"数学"、"物理"、"化学"，至此，表格的标题栏输入完毕。

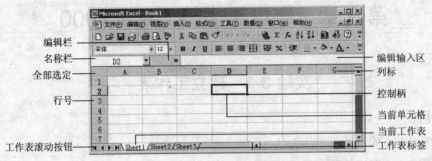

图 3-1　Excel 的窗口

（4）在 B2 到 E6 单元格分别输入如图 3-2 所示的数据，输入中可按【←】、【↑】、【→】、【↓】或回车键选择其他单元。

	A	B	C	D	E
1	学号	姓名	数学	物理	化学
2		张平	67	76	67
3		李化	78	66	89
4		齐红	67	67	90
5		张羽	90	77	56
6		王红	67	80	76

图 3-2　工作表中的数据

从已输入的数据可以看到，文本型数据自动左对齐，数值型数据自动右对齐。

3．有序数字的输入

（1）在 A2 和 A3 单元格分别输入两个学号 20000101、20000102。

（2）拖动 A2 到 A3，被选择的两个单元格用矩形框包围。

（3）将鼠标定位到矩形框右下角的小黑方块控制柄，沿 A4 到 A6 拖动，这时，A4 至 A6 单元格按顺序自动填充学号，创建好的工作表如图 3-3 所示。

	A	B	C	D	E
1	学号	姓名	数学	物理	化学
2	20000101	张平	67	76	67
3	20000102	李化	78	67	89
4	20000103	齐红	67	67	90
5	20000104	张羽	90	77	56
6	20000105	王红	67	80	76

图 3-3　建立的工作表

4．设置单元格格式

（1）从 A1 拖动到 E1 单元格，选择标题栏。

（2）单击"格式"菜单。

（3）选择"单元格"命令，打开"单元格格式"对话框。

（4）打开对话框中的"对齐"选项卡，如图 3-4 所示。

（5）在"水平对齐"下拉列表框中选择"居中"选项。

（6）打开对话框中的"字体"选项卡。

（7）在"字体"列表框中选择"楷体"。

（8）单击"确定"按钮，关闭此对话框，观察工作表中标题对齐方式和字体的变化。

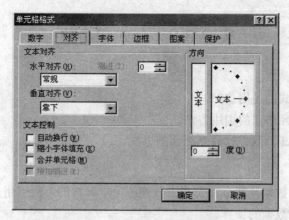

图 3-4　"单元格格式"对话框

5. 设置条件格式

将学生成绩表中成绩小于 60 的单元格设置格式为倾斜和下画线，已知成绩显示在区域 C2:E6 中。

（1）选择区域 C2:E6。

（2）选择"格式"菜单中的"条件格式"命令，会弹出"条件格式"对话框，如图 3-5 所示。

图 3-5　"条件格式"对话框

（3）单击对话框的第二个下拉列表框，在下拉列表框中选择"小于"，然后在其右边的文本框中输入 60。

（4）单击"格式"按钮，打开"单元格格式"对话框，在该对话框的"字形"列表框中选择"倾斜"，在"下画线"下拉列表框中选择"单下画线"，然后单击"确定"按钮，返回到"条件格式"对话框。

（5）单击"确定"按钮，关闭"条件格式"对话框，设置完成。

6. 保存工作表

（1）单击"文件"菜单，选择"另存为"命令，打开对话框。

（2）向对话框的"文件名"文本框内输入"LX"。

（3）单击"保存"按钮，以新文件名保存工作表。

五、实验思考题

1. 启动 Excel 后，默认情况下工作簿中由几个工作表组成。

2. 一个工作表有多少行，最大行号是多少？

3. 一个工作表有多少列，最后一列的列标是什么？

实验 3-2　公式和函数

一、实验目的

1．熟悉 Excel 公式的使用。

2．掌握 Excel 单元格式的引用方法。

3．掌握利用 Excel 函数进行数据统计的方法。

二、实验内容

1．使用公式进行数据计算，在公式中分别练习单元格的不同引用方式。

2．使用函数完成数据的计算。

三、实验环境

Microsoft Excel 2000。

四、操作过程

1．输入公式

在实验 3-1 建立的工作表中继续进行操作，操作过程如下：

（1）在 F1 单元格输入"总和"。

（2）在 G1 单元格输入"平均分"。

（3）在 F2 单元格中输入"＝67＋76＋67"，计算三门课的总分。

（4）按回车键后，该单元格显示总分为 210。

（5）将 E2 单元格数字由 67 改为 77，这时，F2 单元格的总和没有变化。

（6）在 F2 单元格中输入"＝C2＋D2＋E2"，计算三门课的总分。

（7）按回车键后，该单元格显示总分为 220。

（8）将 E2 单元格数字由 77 改为 67，这时，F2 单元格的总和由 220 变为 210。

可见，在公式中引用单元格时，当被引用的单元格的数据发生变化时，公式所在的单元格结果也会发生改变。

2．复制公式及单元格的相对引用

（1）单击 F2 单元格，此单元格被矩形包围。

（2）按住该单元格右下角的控制柄，沿 F3 到 F6 拖动，这时，F3 到 F6 单元格内自动计算了每个人三门课之和。

（3）单击 F5 单元格，显示值为 223，而编辑区内显示的是"＝C5＋D5＋E5"。

可见，公式中引用的单元格，其行号随单元格行号的变化而变化，这就是单元格的相对引用。

3．绝对引用

（1）在 G2 单元格中输入"＝($C$2＋$D$2＋$E$2)/3"，计算三门课的平均分，这里用的是绝对引用。

（2）按回车键后，该单元格显示平均分为 70。

（3）单击 G2 单元格，此单元格被矩形包围。

（4）按住该单元格右下角的控制柄，沿 G3 到 G6 拖动，这时，G3 到 G6 单元格内显示的都是 70。

（5）单击 G5 单元格，编辑区内显示的仍是"＝($C$2＋$D$2＋$E$2)/3"。

可见，公式中绝对引用单元格时，其行号和列标都不随单元格行号列标变化而变化。

（6）在 G2 单元格中输入"＝(C2＋D2＋E2)/3"，这次用相对引用。

（7）单击 G2 单元格，此单元格被矩形包围。

（8）按住该单元格右下角的控制柄，沿 G3 到 G6 拖动，这时，G3 到 G6 单元格内自动计算了每个人三门课的平均分。

4．直接输入函数

（1）选择 F2 到 G6 单元。

（2）右击打开快捷菜单。

（3）选择"清除内容"命令，将上面计算的总分和平均分清除。

（4）单击 G2 单元格。

（5）在 G2 单元格中输入"＝AVERAGE(C2:E2)"，其中 C2:E2 是区域引用，AVERAGE 是计算平均数的函数。

（6）按回车键后，该单元格显示平均分为 70。

（7）单击 G2 单元格，此单元格被矩形包围。

（8）按住该单元格右下角的控制柄，沿 G3 到 G6 拖动，重新计算每个人的平均分。

5．粘贴函数

（1）单击 F2 单元格。

（2）单击工具栏上的"fx"按钮，打开"粘贴函数"对话框，如图 3-6 所示。

（3）在"函数分类"列表框中选择"常用函数"。

（4）在"函数名"列表框中选择"SUM"。

（5）单击"确定"按钮，打开"SUM"对话框。

（6）在"Number1"框内输入 C2:E2，即参与求和的单元格。

（7）单击"确定"按钮，这时完成 F2 单元格的求和计算。

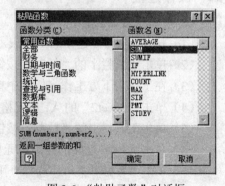

图 3-6　"粘贴函数"对话框

（8）单击 F2 单元格，此单元格被矩形包围。

（9）按住该单元格右下角的控制柄，沿 F3 到 F6 拖动，重新计算 F3 到 F6 单元格中三门课的和。

（10）单击 F5 单元格，显示值为 223，而编辑区内显示的是"＝SUM(C5:E5)"。

五、实验思考题

1．通过实验总结单元格的引用有哪些方式以及各种方式的表示方法和作用。

2．Excel 中提供的函数有几类，列举一些常用的函数。

实验 3-3　数 据 处 理

一、实验目的

1．掌握排序的方法。

2．掌握记录单的基本操作。

3．熟悉工作表中筛选数据的方法。

4．掌握分类汇总的统计方法。

5．熟悉数据透视表的使用。

二、实验内容

1．对已创建的工作表按不同字段进行排序。

2．使用记录单显示、查询、增加、删除记录。

3．对数据表进行筛选操作。

4．对学生成绩表分别计算男生和女生的数学、物理平均值。

5．对学生成绩表以性别、班级作为分类字段，分别汇总数学、物理的平均值，即创建数据透视表。

三、实验环境

Microsoft Excel 2000。

四、操作过程

1．按单一关键字排序

（1）打开实验 3-2 建立的工作表，沿 A1 到 G6 单元格拖动鼠标选中矩形区域。

（2）单击工具栏上的"复制"按钮。

（3）在工作表下方工作表标签中单击"Sheet2"选择第二张工作表。

（4）单击"Sheet2"的 A1 单元格。

（5）单击工具栏上的"粘贴"按钮复制数据。

（6）单击 A1:G6 之间的任意单元格。

（7）单击"数据"菜单，选择"排序"命令，打开"排序"对话框，如图 3-7 所示。

（8）在对话框中：

- 在"主要关键字"下拉列表框中选择"总和"选项。
- 选择"主要关键字"右边的"递减"单选按钮。
- 在"当前数据清单"选项区域中选择"有标题行"单选按钮。

（9）单击"确定"按钮，观察排序后的结果，所有的记录按总和由高到低排列。

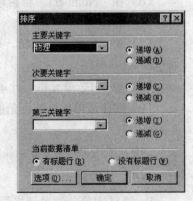

图 3-7　"排序"对话框

2．按多关键字排序

（1）单击 A1:G6 之间的任意单元格。

（2）单击"数据"菜单。

（3）选择"排序"命令，打开"排序"对话框。

（4）在该对话框中，进行以下操作：

- 在"主要关键字"下拉列表框中选择"数学"。
- 在"主要关键字"右边的单选按钮中选择"递增"。
- 在"次要关键字"下拉列表框中选择"物理"。
- 在"次要关键字"右边的单选按钮中选择"递减"。
- 在"当前数据清单"选项区域中选择"有标题行"单选按钮。

（5）单击"确定"按钮，观察排序后的结果，所有的记录按数学成绩升序排列，而 3 个数学成绩相同的记录则按物理成绩的降序排列。

（6）重新按"学号"升序排列，恢复原来的顺序。

3．记录单操作

显示记录单的操作过程如下：

（1）单击 A1:G6 之间的任意单元格。

（2）单击"数据"菜单。

（3）选择"记录单"命令，打开记录单对话框，如图 3-8 所示。

（4）分别单击对话框中的"下一条"、"上一条"按钮，观察显示的记录。

（5）单击第一条记录的"化学"文本框，将其值改为 77，观察"总和"、"平均分"是否同时被修改。

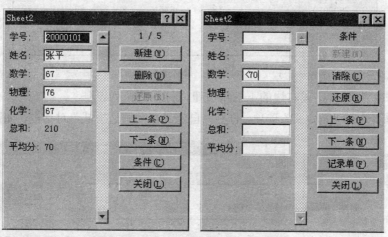

图 3-8 记录单对话框

使用记录单进行查询的操作过程如下：

（1）单击对话框的"条件"按钮，打开新的对话框。

（2）在对话框的"数学"文本框内输入"＜70"。

（3）分别单击"下一条"和"上一条"按钮，观察所显示的记录是否都是数学成绩小于 70 分的。

（4）单击对话框的"条件"按钮，打开新的对话框。

（5）将对话框的"数学"文本框内刚才输入的条件"＜70"删除。

（6）单击"记录单"按钮恢复原来的显示。

使用记录单增加记录的操作过程如下：

（1）单击"新建"按钮，各数据框内变为空白。

（2）向各个文本框内分别输入新记录的数据。

（3）输入结束时，再次单击"新建"按钮，观察新输入的记录及自动计算的"总和"和"平均分"。

使用记录单删除记录的操作过程如下：

（1）分别单击"下一条"和"上一条"按钮，在对话框中显示刚才新输入的第六条记录。

（2）单击"删除"按钮，弹出确认对话框，如图 3-9所示。

（3）单击"确定"按钮，将刚才输入的记录删除。

（4）单击"关闭"按钮关闭记录单对话框。

图 3-9　确认删除对话框

4. 数据筛选

（1）单击 A1:G6 之间的任意单元格。

（2）单击"数据"菜单，指向"筛选"命令，打开级联菜单。

（3）选择"自动筛选"命令，这时每个字段名的右边出现了下三角按钮，如图 3-10所示。

	A	B	C	D	E	F	G
1	学号 ▼	姓名 ▼	数学 ▼	物理 ▼	化学 ▼	总和 ▼	平均分 ▼
2	20000101	张平	67	76	67	210	70
3	20000102	李化	78	67	89	234	78
4	20000103	齐红	67	67	90	224	74.66667
5	20000104	张羽	90	77	56	223	74.33333
6	20000105	王红	67	80	67	214	71.33333

图 3-10　自动筛选

（4）单击"物理"字段右边的下三角按钮，打开下拉列表框。

（5）选择其中的"自定义"选项，打开"自定义自动筛选方式"对话框，如图 3-11 所示。

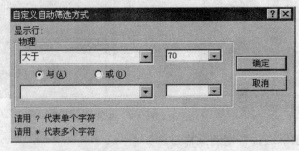

图 3-11　"自定义自动筛选方式"对话框

（6）在对话框的"物理"下拉列表框中选择"大于"选项。

（7）在其右边的下拉列表框中输入"70"。

（8）单击"确定"按钮，观察屏幕上显示的都是"物理"大于 70 分的记录，如图 3-12所示，尤其注意屏幕上的行号是否连续显示，为什么？

A	B	C	D	E	F	G
1	学号 ▼	姓名 ▼	数学 ▼	物理 ▼	化学 ▼	总和 ▼	平均分 ▼
2	20000101	张平	67	76	67	210	70
5	20000104	张羽	90	77	56	223	74.33333
6	20000105	王红	67	80	67	214	71.33333

图 3-12　筛选结果

（9）单击"数据"菜单，指向"筛选"命令，打开级联菜单。

（10）选择"自动筛选"命令，关闭筛选操作，这时屏幕恢复显示原来的所有记录。

5. 分类汇总

在学生成绩表中分别计算男生和女生的数学、物理平均值，操作过程如下：

（1）单击工作表标签中的"Sheet3"，创建新的工作表，然后向该表中输入如图 3-13 所示的数据。

A	B	C	D	E	F
班级	姓名	性别	数学	物理	化学
1	张华	男	56	76	75
1	李平	男	67	56	89
1	张强	男	56	76	45
1	周丽	女	76	66	90
2	李丽红	女	76	85	78
2	李兰	男	87	56	78
2	吴化	女	55	32	45
2	周庆	女	65	90	76

图 3-13　工作表数据

（2）选择"数据"菜单的"排序"命令，将该工作表中的所有记录按分类字段"性别"排序。

（3）选择"数据"菜单的"分类汇总"命令，打开"分类汇总"对话框，如图 3-14 所示。

（4）在对话框中：

- 单击"分类字段"下三角按钮，在下拉列表框中选择"性别"。

- 在"汇总方式"下拉列表框中有"求和"、"计数"、"平均值"、"最大"、"最小"等选项，这里选择"平均值"。

- 在"选定汇总项"列表框中选择"数学"、"物理"复选框，并同时取消选中其余默认的汇总项如"总分"。

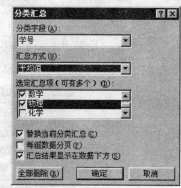

图 3-14　"分类汇总"对话框

（5）单击"确定"按钮，完成分类汇总，工作表中显示汇总后的结果。

（6）选择"数据"菜单中的"分类汇总"命令，在"分类汇总"对话框中单击"全部删除"按钮，可以取消分类汇总，恢复原来的数据。

6. 数据透视表

该操作与分类汇总使用相同的数据，在学生成绩表中以性别、班级作为分类字段，分别汇总数学、物理的平均值，操作过程如下：

（1）单击数据列表的任意单元格。

（2）选择"数据"菜单的"数据透视表和图表报告"命令进入数据透视表向导，打开"数据透视表和数据透视图向导—3 步骤之 1"对话框，来指定待分析数据的数据源，如图 3-15 所示。

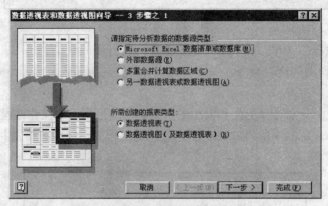

图 3-15　指定数据源

（3）对话框中一个默认的选项是数据源的类型为数据清单或数据库，另一个默认选项是"数据透视表"，单击"下一步"按钮，进入"数据透视表和数据透视图向导—3 步骤之 2"对话框，用于选择数据区域，如图 3-16 所示。

图 3-16　选择数据区域

（4）在工作表中选择数据区域，然后单击"下一步"按钮，进入"数据透视表和数据透视图向导—3 步骤之 3"对话框，用于指定数据透视表的显示位置，如图 3-17 所示。

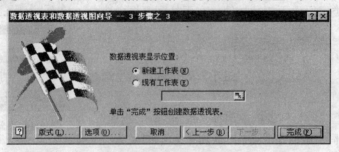

图 3-17　指定数据透视表显示位置

（5）在对话框中选择"新建工作表"单选按钮，然后单击"版式"按钮，打开如图 3-18 所示的版式对话框，进行数据透视表的布局设置。

（6）在版式对话框中，右侧列出了列表的所有字段，行、列标题处为分类字段，要汇总的字段放在数据区中，因此：

- 将"班级"字段拖动到"行"标题处。
- 将"性别"字段拖动到"列"标题处。

- 将"数学"字段拖动到"数据"区，注意到默认显示的是"求和"项，在"数据"区双击"数学"字段，在新打开的对话框中选择"平均值"项。
- 同样，将"物理"字段拖动到"数据"区，并改为"平均值"项。

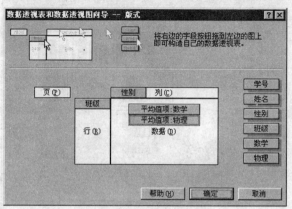

图 3-18 版式对话框

（7）单击"确定"按钮，返回到"数据透视表和数据透视图向导—3 步骤之 3"对话框，然后单击"完成"按钮。

五、实验思考题

1．说明在工作表中对数据排序的基本过程。

2．在自动筛选中，单击字段名右侧的下三角按钮，在下拉列表框中显示了不同的筛选方法，请对这些方法进行总结。

3．在进行分类汇总之前要对记录进行什么操作。

4．说明创建数据透视表的过程。

实验 3-4 创 建 图 表

一、实验目的

1．掌握 Excel 中图表的创建步骤。

2．熟悉 Excel 中图表的基本组成及各个选项的作用。

3．掌握图表的编辑方法。

二、实验内容

用工作表中的数据建立图表并进行编辑。

三、实验环境

Microsoft Excel 2000。

四、操作过程

1．建立图表

（1）在图 3-13 所示的工作表中，单击 A1:E6 之间的任意单元格。

（2）单击"插入"菜单，选择"图表"命令，打开"图表向导－4 步骤之 1－图表类型"对话框，如图 3-19 所示。

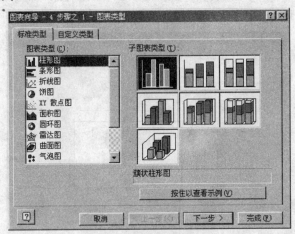

图 3-19　选择图表类型

（3）在"图表类型"列表框中选择"柱形图"，在"子图表类型"选项区域中选择第一行最左边一个"簇状柱形图"。

（4）单击"下一步"按钮，打开"图表向导－4 步骤之 2－图表数据源"对话框，如图 3-20 所示。

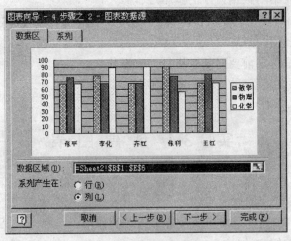

图 3-20　选择数据源

（5）在"数据区域"框中输入"=Sheet2!$B$1:$E$6"，在"系列产生在"选项区域中选择"列"单选按钮，观察框内示意图表。

（6）单击"下一步"按钮，打开"图表向导 4－步骤之 3－图表选项"对话框，如图 3-21 所示。

- 打开"标题"选项卡，在"图表标题"文本框中输入"数理化成绩对照表"。
- 打开"数据标志"选项卡，选择"显示值"单选按钮。

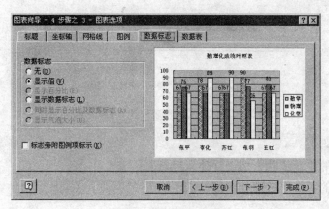

图 3-21 设置图表选项

● 单击"下一步"按钮，打开"图表向导－4 步骤之 4－图表位置"对话框，如图 3-22 所示。

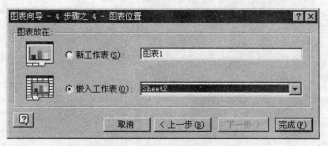

图 3-22 图表存放的位置

（7）选中"嵌入工作表"单选按钮，然后，单击"完成"按钮，观察工作表中生成的图表。

2．图表的组成

（1）将鼠标移动到图表中停下来，屏幕上会显示出图表该部分的名称。

（2）分别移动到图表的其他部分，观察各部分的名称是什么。

（3）分别单击图表中的各个部分，观察被矩形框包围的区域。

3．编辑图表

（1）移动图表：单击图表边框内靠近边框的区域，将图表选中，图表四个边框的中点及四个拐角分别出现小黑方块，即控点。将鼠标放在方框内的附近，拖动图表移动到其他位置。

（2）复制图表：单击图表边框内靠近边框的区域，将图表选中，图表四个边框的中点及四个拐角分别出现小方块。将鼠标放在内方框附近，按住【Ctrl】键后拖动复制图表到新的位置。

（3）改变图表大小：单击图表边框内靠近边框的区域，将图表选中。分别拖动图表四个边框的中点及四个拐角按比例改变图表的大小。

（4）改变图表中的一部分：单击"图表"工具栏（见图 3-23）中的"图例"按钮，观察图表的变化。分别单击"图表"工具栏中的"数据表"、"按行"、"按列"按钮，观察图表的变化。

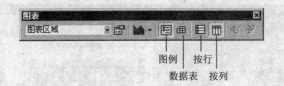

图 3-23 "图表"工具栏

五、实验思考题

1. 图表向导的 4 个步骤分别进行什么操作？
2. 说明图表的各个组成部分名称。

第4章 // 演示文稿软件 PowerPoint 2000

实验 4-1 创建演示文稿

一、实验目的

1. 掌握演示文稿的创建方法。
2. 熟悉幻灯片中格式的设置。
3. 掌握在不同的视图下对演示文稿进行编辑的方法。

二、实验内容

1. 创建包含不同版式幻灯片的演示文稿，演示文稿名称为"大学计算机简介"。
2. 在幻灯片视图下对标题幻灯片进行格式设置。
3. 在大纲视图下，利用"升级"按钮将第三张幻灯片分割为三张幻灯片。
4. 在浏览视图下，删除第三张幻灯片，将第二张幻灯片移动到最后。

三、实验环境

Microsoft PowerPoint 2000。

四、操作过程

1. 创建演示文档

（1）选择"开始"|"程序"|"Microsoft PowerPoint"命令，打开 PowerPoint 的启动对话框，如图 4-1 所示。

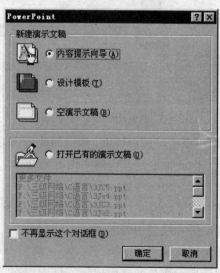

图 4-1 PowerPoint 的启动对话框

（2）在图 4-1 的对话框中选择"空演示文稿"单选按钮，然后单击"确定"按钮，这时，打开"新幻灯片"对话框，如图 4-2 所示，对话框中提供了若干种版式。

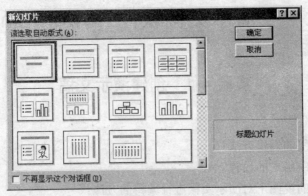

图 4-2 "新幻灯片"对话框

2. 创建标题幻灯片

（1）单击第一行第一个版式即"标题幻灯片"，然后单击"确定"按钮，打开 PowerPoint 2000 的窗口，如图 4-3 所示。

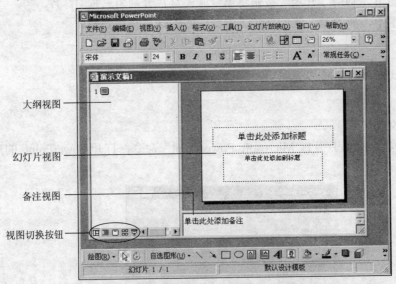

图 4-3 PowerPoint 2000 的窗口

（2）在图中的幻灯片视图中单击标题虚线框，然后向此框内输入标题内容"大学计算机"。

（3）单击副标题虚线框，向此框中输入内容"内容简介"。

3. 创建其他的幻灯片

（1）选择"插入"菜单中的"新幻灯片"命令，又打开如图 4-2 所示的"新幻灯片"对话框，提示用户选择第二张幻灯片所使用的版式。

（2）单击最后一行第二个版式即"剪贴画与文本"，然后单击"确定"按钮。

（3）单击图中的标题虚线框，然后向此框内输入标题内容"授课内容"。

（4）双击左侧的虚线框，打开"Microsoft 剪辑图库"对话框，在对话框中选择"工作人员"类，然后在新打开的对话框中右击第一行第二个"握手"图片，在弹出的快捷菜单中选择"插入"命令，将该剪贴画插入到左边的虚线框中。

（5）单击右侧的虚线框，向该框中输入下列内容：

> 1．工作原理
> 2．硬件组成
> 3．软件分类
> 4．信息编码

（6）选择"插入"菜单中的"新幻灯片"命令，又打开如图 4-2 所示的"新幻灯片"对话框，提示用户选择第三张幻灯片所使用的版式。

（7）单击第一行的第二个版式即"项目清单"，然后单击"确定"按钮。

（8）单击图中的标题虚线框，然后向此框内输入标题内容"授课内容"。

（9）单击正文框，向框内输入下列内容：

> 第一部分　基础篇
> 1．基础知识
> 2．汉字输入
> 3．Windows 2000
> 第二部分　应用篇
> 1．Word 2000
> 2．Excel 2000
> 3．PowerPoint

（10）选择"文件"菜单中的"保存"命令，打开"另存为"对话框。

（11）在对话框的"文件名"文本框内输入"大学计算机简介"，然后单击"保存"按钮，将创建的演示文稿保存。

目前，该演示文稿中有三张幻灯片。

4．设置幻灯片中字符的格式

（1）单击窗口右侧的垂直滚动条，将第一张幻灯片切换为当前幻灯片。

（2）单击幻灯片的标题文本框，该文本框四周出现八个控点，同时，光标在框内的插入点处闪烁，选中标题的文本。

（3）选择"格式"菜单中的"字体"命令，将该标题的文本设置为"楷体_GB2312"、"48 磅"、"蓝色"。

（4）单击幻灯片的副标题文本框，选中副标题的文本。

（5）选择"格式"菜单中的"字体"命令，将该副标题的文本设置为"宋体"、"40 磅"、"黑色"。

其他幻灯片的字符格式暂时不设置。

（6）选择"文件"菜单中的"保存"命令，保存所进行的设置操作。

5．在大纲视图下改变标题的级别分割幻灯片

大纲视图下的操作使用"大纲"工具栏进行，"大纲"工具栏中各个按钮的作用如图 4-4 所示。

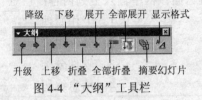

图 4-4 "大纲"工具栏

（1）单击第三张幻灯片中的文本"第一部分 基础篇"（见图 4-5），然后单击工具栏上的"升级"按钮，这时，第三张幻灯片被分割为两张，该文本升级为新幻灯片的标题。

（2）单击新的第三张幻灯片的文本"第二部分 应用篇"，然后在"大纲"工具栏中单击"升级"按钮，将选中标题的级别提升，这时，该文本成为新幻灯片的标题，该文本之后的内容成为新幻灯片中的文本。

分割后，该演示文稿由三张幻灯片变为五张，如图 4-6 所示。

图 4-5 标题升级之前的幻灯片   图 4-6 标题升级之后的幻灯片

6. 在浏览视图下删除和移动幻灯片

（1）选择"视图"菜单下的"幻灯片浏览"命令，将视图方式切换到浏览视图，如图 4-7 所示。

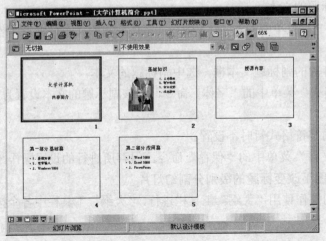

图 4-7 幻灯片浏览视图

（2）在浏览视图中单击第三张幻灯片，然后按【Del】键，删除该张幻灯片。

（3）在浏览视图中单击第二张幻灯片，然后将此幻灯片拖动到最后一张之后，松开鼠标，将该幻灯片移动到最后一张。

（4）选择"文件"菜单中的"保存"命令将进行的操作保存。

五、实验思考题

1．在 PowerPoint 的启动对话框中，创建演示文稿的方法有哪些？

2．对每一张幻灯片，可以选择的版式有多少？

3．通过实验总结一下，在浏览视图和大纲视图下可以进行的操作有哪些？

实验 4-2　设置幻灯片的外观效果

一、实验目的

1．掌握幻灯片版式的改变方法。

2．掌握幻灯片背景和配色方案的设置方法。

3．熟练掌握母版的设置。

4．掌握对演示文稿应用已有的模板。

二、实验内容

1．改变第四张幻灯片的版式。

2．设置标题幻灯片的背景色和配色方案。

3．使用幻灯片母版，设置标题和文本的样式，插入艺术字，设置背景和插入幻灯片的编号。

4．对演示文稿应用已有的模板。

三、实验环境

Microsoft PowerPoint 2000。

四、操作过程

1．改变第四张幻灯片的版式

（1）打开演示文稿"大学计算机简介"。

（2）将第四张幻灯片切换为当前幻灯片。

（3）选择"格式"菜单中的"幻灯片版式"命令，打开"幻灯片版式"对话框。

（4）在打开的"幻灯片版式"对话框中，选择最后一行第三个名称为"剪贴画与垂直排列文本"的版式。

（5）单击"应用"按钮，该幻灯片版式被修改，修改前后的版式如图 4-8 所示。

（6）选择"文件"菜单中的"保存"命令将进行的操作保存。

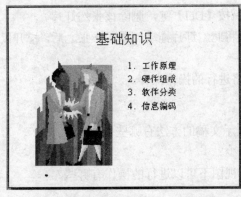

修改前的版式

修改后的版式

图 4-8 幻灯片版式的修改

2. 设置第一张幻灯片的背景

将第一张幻灯片的背景填充预设颜色为"薄雾浓云",底纹样式为"横向",操作过程如下:

(1)在幻灯片视图下切换到第一张幻灯片。

(2)选择"格式"菜单中的"背景"命令,打开"背景"对话框,如图4-9所示。

(3)在"背景"对话框中,在"背景填充"下拉列表框中选择"填充效果"选项,打开"填充效果"对话框,如图4-10所示。

(4)在"填充效果"对话框中,打开"过渡"选项卡。

(5)在"颜色"选项区域中选择"预设"单选按钮,然后在"预设颜色"下拉列表框中选择"薄雾浓云"。

(6)在"底纹式样"选项区域中选择"横向"单选按钮,单击"确定"按钮,返回到"背景"对话框。

(7)在"背景"对话框中单击"应用"按钮。

(8)选择"文件"菜单中的"保存"命令将进行的操作保存。

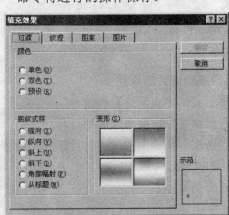

图 4-9 "背景"对话框　　　　　图 4-10 "填充效果"对话框

3. 设置第一张幻灯片的配色方案

（1）将第一张幻灯片切换为当前幻灯片。

（2）选择"格式"菜单中的"幻灯片配色方案"命令，打开"配色方案"对话框，如图 4-11 所示。

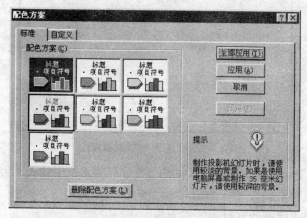

图 4-11 "配色方案"对话框

（3）在"标准"选项卡中列出了七种已设计好的配色方案，选择第二行的第一个方案。

（4）单击"应用"按钮，将选择的配色方案应用于当前幻灯片。

（5）选择"文件"菜单中的"保存"命令将进行的操作保存。

4. 使用幻灯片母版

设置幻灯片母版，使标题幻灯片之外的所有幻灯片有统一的外观，完成以下的设置：

◆ 标题的字符格式。

◆ 文本的字符格式。

◆ 在母版的右上角插入艺术字。

◆ 设置背景。

◆ 在母版中插入幻灯片编号。

操作过程如下：

（1）单击"视图"菜单，在"母版"级联菜单中选择"幻灯片母版"命令，打开幻灯片母版的编辑视图窗口，如图 4-12 所示。

（2）单击标题样式，设置该标题的字符格式为"楷体_GB2312"、"40 磅"、"蓝色"、"加粗"。

（3）单击文本样式，设置该文本的字符格式为"仿宋_GB2312"、"32 磅"、"黄色"。

（4）单击"插入"菜单，在"图片"级联菜单中选择"艺术字"命令，打开"'艺术字'库"对话框。

（5）在"'艺术字'库"对话框中选择第二行第一个样式，然后单击"确定"按钮，打开"编辑'艺术字'文字"对话框。

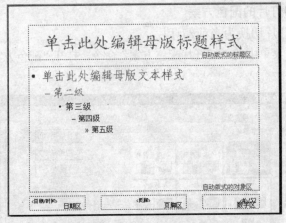

图 4-12　幻灯片母版编辑视图

（6）在"编辑'艺术字'文字"对话框的"文字"文本框中输入"大学计算机"，字符格式为"隶书"、"24"、"倾斜"，然后单击"确定"按钮，关闭该对话框。

（7）将创建的艺术字拖动到母版的右上角。

（8）选择"格式"菜单中的"背景"命令，打开"背景"对话框。

（9）在"背景"对话框中，在"背景填充"下拉列表框中选择"按强调文字和超级链接配色方案"选项，如图 4-13 所示，然后单击"应用"按钮。

（10）设置幻灯片编号，选择"视图"菜单中的"页眉和页脚"命令，打开"页眉和页脚"对话框，如图 4-14 所示。

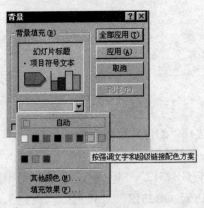

图 4-13　"背景"对话框

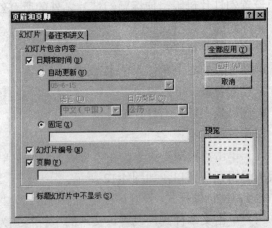

图 4-14　"页眉和页脚"对话框

（11）在"页眉和页脚"对话框中：

- 选中"日期和时间"复选框，并选择其下的"自动更新"单选按钮。
- 选中"幻灯片编号"复选框，在"数字区"显示幻灯片的编号。
- 选中"标题幻灯片中不显示"复选框，在标题幻灯片上不显示编号。

（12）单击"全部应用"按钮，关闭该对话框，返回到幻灯片母版视图窗口。

（13）单击"母版"工具栏上的"关闭"按钮，结束母版的设置。

（14）分别切换到每一张幻灯片，观察母版设置后的效果。

（15）选择"文件"菜单中的"保存"命令将进行的操作保存起来。

5. 应用设计模板

（1）为了与前面设置的背景、配色方案、母版进行对比，先将演示文稿进行备份。选择"文件"菜单中的"另存为"命令，将演示文稿以"大学计算机简介 1"保存。

（2）选择"格式"菜单中的"应用设计模板"命令，打开"应用设计模板"对话框，如图 4-15 所示。

图 4-15　"应用设计模板"对话框

（3）从对话框左侧的列表框中选择名称为"Cactus.pot"的模板，同时，在对话框右侧的预览框中显示了模板的外观效果。

（4）单击"应用"按钮，关闭该对话框，这时，选定的模板应用到当前的演示文稿上。

（5）浏览每一张幻灯片，观察背景、填充色与应用模板前有无变化，应用模板后对前面设置的母版有无影响。

（6）向该演示文稿中插入一张新的幻灯片，观察模板对该幻灯片是否有效。

（7）选择"文件"菜单中的"保存"命令将进行的操作保存起来。

五、实验思考题

1. 在幻灯片母版中，可以进行的设置有哪些，设置后对哪些幻灯片有效？

2. 设置背景和选择配色方案时，如果要对演示文稿中所有的幻灯片进行，应如何操作。

3. 对演示文稿使用了应用设计模板后，原来设置的母版、背景、配色方案是否还有效，以后如果再向演示文稿中添加新的幻灯片，该模板对新幻灯片是否有影响。

实验 4-3　设置动画效果

一、实验目的

1. 熟悉"动画效果"工具栏上各按钮的作用。

2. 掌握对幻灯片中各个对象设置不同的动画效果，这些对象包括文本、图片、表格、图表等。

3. 掌握幻灯片之间的切换效果设置方法。

二、实验内容

1．用"动画效果"工具栏设置动画效果。

2．使用"自定义动画"命令设置幻灯片内的动画效果。

3．将所有幻灯片切换方式设置为"盒状展开"。

三、实验环境

Microsoft PowerPoint 2000。

四、操作过程

1．使用"动画效果"工具栏按钮预设动画

（1）打开演示文稿"大学计算机简介"。

（2）将第一张幻灯片切换为当前幻灯片。

（3）观察窗口中有没有如图 4-16 所示的"动画效果"工具栏，如果没有，选择"视图"菜单中的"工具栏"命令，在级联菜单中选择"动画效果"命令使该工具栏在屏幕上出现。

图 4-16 "动画效果"工具栏

（4）单击第一张幻灯片的标题文本。

（5）单击工具栏上的"驶入效果"按钮。

（6）单击"动画效果"工具栏上的"动画预览"按钮，这时屏幕上会打开一个标题为"动画预览"的小窗口，如图 4-17 所示，每单击一次这个小窗口，设置的动画效果都会在窗口中演示一遍。

图 4-17 "动画预览"小窗口

（7）单击工具栏上的"打字机效果"按钮，再单击"动画预览"小窗口，观察动画效果的显示。

（8）选择"文件"菜单中的"保存"命令，保存所作的设置。

2．自定义动画

（1）将第四张幻灯片切换为当前幻灯片。

（2）选择"幻灯片放映"菜单中的"自定义动画"命令，打开"自定义动画"对话框，如图 4-18 所示。

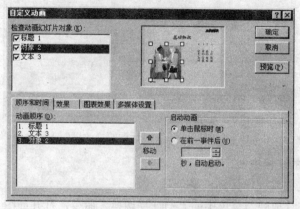

图 4-18 "自定义动画"对话框的"顺序和时间"选项卡

"自定义动画"对话框的第一个选项卡"顺序和时间"，用来设置各个对象出现的顺序和出现的方法。

第四张幻灯片有一个标题、一个剪贴画（对象）和文本，因此共有三个对象。

（3）在"检查动画幻灯片对象"列表框中选中"标题 1"复选框，设置该对象先启动，然后选择"启动动画"选项区域中的"单击鼠标时"单选按钮，表示使用单击启动动画。

（4）在"检查动画幻灯片对象"列表框中选中"文本 3"复选框，设置该对象第二个启动，然后选择"启动动画"选项区域中的"单击鼠标时"单选按钮，表示单击启动动画。

（5）在"检查动画幻灯片对象"列表框中选中"对象 2"复选框，设置该对象第三个启动，然后选择"启动动画"选项区域中的"在前一事件后"单选按钮，并在微调框中设置时间为 5 秒，表示在前一个动画后 5 秒钟启动该动画。

（6）打开"自定义动画"对话框的第二个选项卡"效果"，用来设置各个对象出现时的动画效果，如图 4-19 所示。

（7）在"检查动画幻灯片对象"列表框中选择"标题 1"复选框，在"动画和声音"选项区域的第一个下拉列表框中选择"百叶窗"，第二个下拉列表框中选择"垂直"，在"引入文本"下拉列表框中选择"整批发送"。

（8）在"检查动画幻灯片对象"列表框中选择"文本 3"复选框，在"动画和声音"选项区域的第一个下拉列表框中选择"飞入"，第二个下拉列表框中选择"左下角"，在"引入文本"下拉列表框中选择"按字"。

（9）在"检查动画幻灯片对象"列表框中选择"对象 2"复选框，在"动画和声音"选项区域的第一个下拉列表框中选择"螺旋"。

（10）单击对话框中的"预览"按钮，可以预览动画的设置效果。

（11）单击对话框中的"确定"按钮，关闭对话框。

（12）单击窗口工具栏上的"保存"按钮，保存所作的设置。

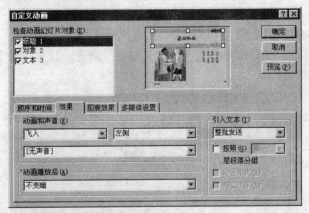

图 4-19 "自定义动画"对话框的"效果"选项卡

3. 设置幻灯片的切换方式

（1）打开演示文稿"大学计算机简介"。

（2）选择"幻灯片放映"菜单中的"幻灯片切换"命令，打开如图 4-20 所示的对话框。

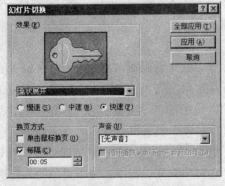

图 4-20 "幻灯片切换"对话框

（3）在"效果"下拉列表框中选择"盒状展开"，然后选择下方的"慢速"单选按钮。

（4）在"换页方式"选项区域中选中"单击鼠标换页"复选框。

（5）在"声音"下拉列表框中选择"打字机"。

（6）单击"全部应用"按钮，关闭该对话框。

（7）选择"幻灯片放映"菜单中的"观看放映"命令，开始播放演示文稿，在播放中观察幻灯片之间的切换效果。

（8）选择"文件"菜单中的"保存"命令，保存所作的设置。

五、实验思考题

1. 在幻灯片内进行动画设置时，各对象的启动顺序是如何设置的？

2. 列举一些幻灯片的切换效果。

实验 4-4　建立超级链接和播放演示文稿

一、实验目的

1. 掌握创建超级链接的方法。
2. 熟悉"动作按钮"的使用。
3. 掌握放映方式的设置。

二、实验内容

1. 创建一个链接到"西安交通大学"主页的超级链接。
2. 为每一张幻灯片设置"开始"、"结束"、"前进"和"后退"动作按钮。
3. 设置放映方式，并且循环播放所有的幻灯片。

三、实验环境

Microsoft PowerPoint 2000。

四、操作过程

1. 使用超级链接命令创建超级链接

创建超级链接，链接到"西安交通大学"的主页，操作过程如下：

（1）打开演示文稿"大学计算机简介"，切换到最后一张幻灯片。

（2）选择"插入"菜单中的"新幻灯片"命令，打开"新幻灯片"对话框。

（3）在"新幻灯片"对话框中选择"项目清单"版式，然后单击"确定"按钮，这时，在当前幻灯片之后插入了一张新的幻灯片。

（4）在新的幻灯片的文本区输入文本"西安交通大学"，然后将其选中。

（5）选择"插入"菜单中的"超级链接"命令，打开"插入超级链接"对话框，如图 4-21 所示。

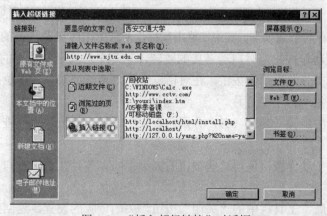

图 4-21　"插入超级链接"对话框

（6）在对话框的"请键入文件名称或 Web 页的名称"文本框内输入下列链接的目标地址，即西安交通大学的网址：www.xjtu.edu.cn。

（7）单击"确定"按钮，关闭此对话框。

（8）由于创建链接后文本的颜色会发生变化，从而导致在已设置的背景下看不清具有链接的文本，这时可将该文本设置为其他的颜色。

2．使用动作按钮创建超级链接

在每一张幻灯片上都设置"开始"、"结束"、"前进"和"后退"这四个动作按钮，最方便的方法是在母版中进行设置。

创建过程如下：

（1）单击"视图"菜单，在"母版"级联菜单中选择"幻灯片母版"命令。

（2）选择"幻灯片放映"菜单中的"动作按钮"命令，在其级联菜单中显示了不同的动作按钮，如图4-22所示。

（3）在级联菜单中选择动作按钮"开始"。

（4）用鼠标在母版的下方拖出一个矩形，即添加了一个动作按钮，这时，弹出"动作设置"对话框，如图4-23所示。

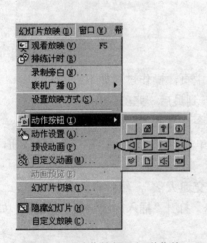
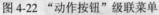
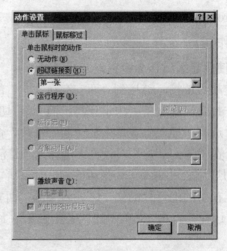

图4-22 "动作按钮"级联菜单　　　　图4-23 "动作设置"对话框

（5）对话框中有两个选项卡，其中"单击鼠标"表示单击时启动链接的跳转，"鼠标移过"表示将鼠标移动到动作按钮上时启动链接的跳转，这两个选项卡中设置的内容完全一样。

由于选择的是"开始"动作按钮，在对话框中的"超级链接到"下拉列表框中已显示了链接到的目标即"第一张"幻灯片。

（6）重复以上的步骤（2）～（5），分别向母版中添加"结束"、"前进"和"后退"这三个动作按钮。

（7）调整这四个动作按钮使得这些按钮的大小相同，并且在水平方向上对齐排列在母版的正下方。

（8）单击"母版"工具栏中的"关闭"按钮，关闭母版的设置，返回到幻灯片视图，这时，每一张幻灯片上都添加了这四个动作按钮。

（9）选择"文件"菜单中的"保存"命令，保存所作的设置。

3. 设置放映方式

（1）选择"幻灯片放映"菜单中的"设置放映方式"命令，打开"设置放映方式"对话框，如图 4-24 所示。

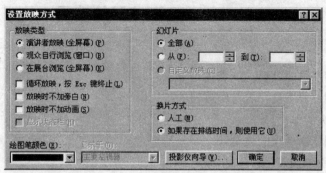

图 4-24 "设置放映方式"对话框

（2）在对话框的"放映类型"选项区域中选择"演讲者放映（全屏幕）"单选按钮，同时选中"循环放映，按 Esc 键终止"复选框。

（3）在对话框的"幻灯片"选项区域中选择放映的幻灯片范围，这里选择"全部"单选按钮。

（4）在对话框的"换片方式"选项区域中选择"人工"单选按钮。

（5）单击"确定"按钮，关闭对话框。

4. 播放演示文稿

（1）选择"幻灯片放映"菜单中的"观看放映"命令，开始播放演示文稿。

（2）在播放演示文稿时，观察幻灯片的切换效果。

（3）分别单击四个不同的动作按钮，观察跳转到的幻灯片。

（4）在第四张幻灯片中单击设置的超级链接，观察是否打开 IE 浏览器窗口，并在窗口中显示西安交通大学的首页。

（5）在播放途中要结束放映时，只需要按【Esc】键即可。

（6）选择"文件"菜单中的"保存"命令，保存所做的操作。

（7）选择"文件"菜单中的"退出"命令，关闭 PowerPoint。

五、实验思考题

1. 在插入超级链接时，链接的目标除了 Web 页以外，还有哪些？

2. 除了实验中建立的四个动作按钮，还可以建立哪些动作按钮。

3. 在建立动作按钮时，打开的对话框中有两个选项卡，"单击鼠标"和"鼠标移过"，这两个选项卡的作用是什么？

4. 播放演示文稿时，可以使用菜单命令或按钮，这两种方法有什么不同？

第 5 章 // Internet 基础知识

实验 5-1 IE 浏览器的使用

一、实验目的

1．掌握 IE 浏览器的主要功能和使用方法。
2．熟悉 IE 浏览器工具栏上常用按钮的使用。
3．熟悉收藏夹的作用。
4．掌握 IE 浏览器选项的设置。
5．掌握搜索引擎的使用。

二、实验内容

1．使用 IE 浏览器浏览网站。
2．IE 浏览器中各个常用按钮的功能。
3．保存网页不同内容的方法。
4．设置 IE 浏览器中的主页和保存历史记录的天数。
5．用"百度"搜索引擎检索需要的信息。

三、实验环境

Internet Explorer。

四、操作过程

1．浏览网站

（1）双击桌面上的浏览器图标启动 IE 浏览器，打开 IE 窗口。

（2）在窗口的地址栏中直接输入网站的地址，例如，要访问"西安交通大学"的网站，则输入地址"www.xjtu.edu.cn"，然后按回车键，这时，IE 窗口中显示西安交通大学的主页。

（3）链接到其他网页，将鼠标在网页中移动，当移动到某个文本或图形时，如果光标形状变成手形，表明该位置具有链接，单击该链接转到其他的页面。

（4）"标准按钮"工具栏上的常用按钮的使用。分别单击"标准按钮"工具栏上的"主页"、"后退"、"前进"、"刷新"、"停止"等按钮，观察 IE 窗口中显示网页内容的变化。

（5）通过历史记录访问网站，单击"历史"按钮，如果该按钮呈下沉显示，则在 IE 窗口的左边窗格显示历史记录，历史记录中记录了最近访问过的网页，单击某一项，打开最近曾经访问过的网页。

2．保存网页上的信息

根据保存内容的不同，保存方法也有所不同。

（1）保存当前正在浏览的某个网页

选择"文件"菜单中的"另存为"命令，打开"保存网页"对话框。在打开的对话框中输入保存该网页的文件名，然后单击"保存"按钮。

（2）保存网页中的某个图形

右击网页上要保存的图形，在弹出的快捷菜单中选择"图片另存为"命令，在打开的对话框中选择保存的位置并输入文件名，然后单击"保存"按钮。

（3）保存当前页中的部分文本

在当前页中选择要保存的文本，然后选择"编辑"菜单中的"复制"命令，然后打开一个文字处理程序，如 Word 程序，在该程序中选择"编辑"菜单中的"粘贴"命令将选择的文本复制到该程序中，最后，对该文档进行保存。

3．收藏夹的使用

将 IE 窗口中正在显示的网页地址保存到收藏夹中，操作过程如下：

（1）打开要收藏的网页。

（2）单击工具栏上的"收藏夹"按钮，在 IE 窗口左边打开"收藏夹"窗格。

（3）单击"收藏夹"窗格中的"添加"按钮，打开"添加到收藏夹"对话框。

（4）在对话框中输入网页的名称，然后单击"确定"按钮，这时，该网页地址保存到"收藏夹"窗口中。

（5）保存在收藏夹中的网页地址可以直接使用，方法是单击"收藏"菜单，在下拉菜单中选择网页名称跳转到相应的网页。

4．Internet 选项设置

（1）选择"工具"菜单中的"Internet 选项"命令，打开"Internet 选项"对话框，如图 5-1 所示。

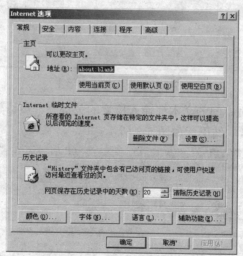

图 5-1　"Internet 选项"对话框

（2）在对话框的"常规"选项卡中，常用的有设置主页和历史记录，在"主页"选项区域的"地址"文本框中输入某个网址，例如，www.xjtu.edu.cn，然后单击"确定"按钮，关闭对话框。

（3）关闭 IE 浏览器。

（4）重新启动 IE 浏览器，观察自动显示的是否是网址为 www.xjtu.edu.cn 的网页。

（5）选择"工具"菜单中的"Internet 选项"命令，重新打开"Internet 选项"对话框。

（6）在"网页保存在历史记录中的天数"微调框中输入保存天数 30。

5. 使用 IE 浏览器的搜索功能

使用 IE 浏览器的搜索功能查找与"英语学习"有关的内容，操作方法如下：

（1）单击 IE 浏览器工具栏上的"搜索"按钮，IE 窗口左边打开"搜索"窗格。

（2）在"搜索"窗格的文本框内输入要查找的关键字"英语学习"，然后单击"搜索"按钮，这时开始检索。

（3）检索到的相关网址都显示在"搜索"窗格中，单击其中的某一个网址，就可以在右边的窗格中显示该页的内容。

6. 使用搜索引擎"百度"检索信息

使用"百度"搜索引擎检索与"英语四级学习"有关的内容，操作方法如下：

（1）启动 IE 浏览器。

（2）在地址栏输入"百度"的网址 www.baidu.com，进入百度主页，如图 5-2 所示。

图 5-2　"百度"搜索引擎主页

（3）在"百度"主页中间的文本框输入检索的关键字"英语学习"，然后单击"百度搜索"按钮，这时显示搜索的结果，如图 5-3 所示。

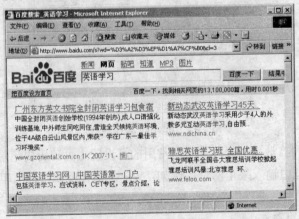

图 5-3　在百度中搜索"英语学习"的结果

从图 5-3 可以看出，搜索到的与"英语学习"有关的网页共约 13 100 000 篇。

（4）显然，搜索到的结果内容太多，范围太大，用户可以进一步缩小范围，方法是在检索栏中输入"四级"，然后单击"在结果中找"按钮，这时显示搜索的结果如图 5-4 所示。

从图 5-4 可以看出，搜索到的与"英语四级学习"有关的网页共约 1 450 000 篇，与刚才搜索的结果相比，范围大大缩小。

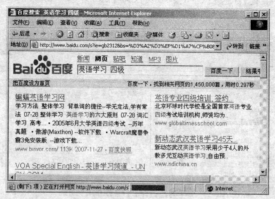

图 5-4　在百度中二次搜索的结果

五、实验思考题

1．描述 IE 浏览器工具栏上常用按钮的作用。

2．在 IE 浏览器中如何查找访问过的网站。

3．说明保存 Web 页面的各种方法。

4．什么是搜索引擎？常用的搜索引擎有哪些？

实验 5-2　Outlook Express 的使用

一、实验目的

1．掌握使用 Outlook Express 发送和接收电子邮件的方法。

2．熟悉用 Outlook Express 管理通讯簿。

二、实验内容

1．申请一个免费的电子邮箱。

2．在 Outlook Express 中设置账户。

3．使用 Outlook Express 发送和接收电子邮件。

4．向通讯簿中输入邮箱的地址。

三、实验环境

Outlook Express。

四、操作过程

1．申请免费的电子邮箱

为了练习电子邮件的收发，首先要有一个电子邮箱，用户可以在许多网站上进行申请，如"新浪"网，操作过程如下：

（1）启动 IE 浏览器。

（2）在地址栏输入"新浪"网的网址 www.sina.com，打开新浪网站的主页，如图 5-5 所示。

（3）单击主页中的"2G 免费邮箱"超链接，然后按屏幕上的提示填入相关的信息。

（4）申请成功后，牢记用户名、口令、接收邮件的 POP3 服务器名称和发送邮件的 SMTP 服务器的名称。

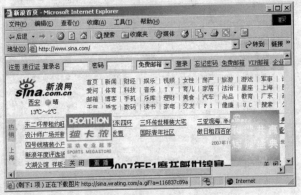

图 5-5 "新浪"网站主页

2．在 Outlook Express 中设置账号

在使用 Outlook Express 收发电子邮件之前，用户要进行账号的设置，将电子邮箱地址、用户名、口令、邮件服务器的域名等与电子邮件有关的信息输入并保存到 Outlook Express 中。

（1）单击任务栏中快速启动区上的 OE 按钮 ，启动 Outlook Express，打开 OE 的窗口，如图 5-6 所示。

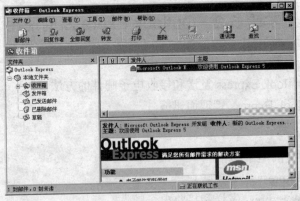

图 5-6 Outlook Express 窗口

（2）选择 OE 窗口中"工具"菜单中的"账户"命令，打开"Internet 账号"对话框，如图 5-7 所示。

（3）在对话框中打开"邮件"选项卡，然后单击"添加"按钮，打开"Internet 连接向导"对话框。

（4）在打开的"Internet 连接向导"对话框中按屏幕提示分别输入申请邮箱时得到的相关信息。

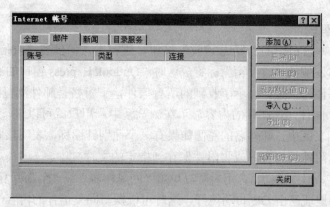

图 5-7 "Internet 账号"对话框

3．撰写和发送邮件

（1）在 Outlook Express 窗口的工具栏中单击"新邮件"按钮，打开"新邮件"窗口，如图 5-8 所示，窗口的上窗格为信件头部，下窗格为信件体部。

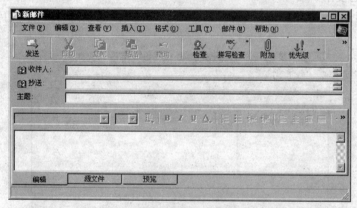

图 5-8 "新邮件"窗口

（2）将光标分别定位到信件头部的各个部分，分别输入相应的内容，其中如果要将同一封信发送给多个人，可以在"收件人"栏中输入多个电子邮箱地址，地址之间用逗号或分号隔开。

（3）将光标移到窗口下窗格的信件体编辑区内，输入信件的具体内容。

（4）插入附件。计算机中的其他文件，如 Word 文档、图形文件、音频文件等，可以以附件的形式随信件一起发送，方法是单击工具栏上的"附加"按钮，打开"插入附件"对话框，如图 5-9 所示。

（5）在对话框中选择要插入的文件，然后单击"附件"按钮，这时，窗口上窗格会多出一行，显示附件的文件名称。

（6）单击"发送"按钮，将邮件发送到收件人的邮箱中。

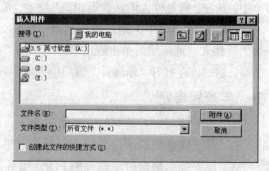

图 5-9 "插入附件"对话框

4．接收和处理邮件

（1）单击图 5-6 窗口中的"发送/接收"按钮，进行发送信件和接收信件。

（2）单击窗口左侧的"收件箱"标签，这时，Outlook Express 窗口的右侧分为上下两个窗格，上窗格的邮件列表区，显示了收到的所有信件，下窗格是邮件浏览区。

（3）单击某个邮件，该邮件的内容显示在浏览区中，用户就可以进行阅读了。

（4）在邮件列表区中，邮件名的左侧如果有一个曲别针图标，表明该邮件包含附件，单击附件名可以阅读附件的内容，或将附件保存到指定的文件夹中。

（5）回复信件。邮件阅读后，用户可以单击"回复作者"或"全部回复"按钮进行回复，发件人和收件人的地址已由 OE 自动填好，这时可以撰写回复信件的内容，完成后单击"发送"按钮就可以进行回复。

（6）转发。首先选中要转发的信件，然后单击"转发"按钮，在"收件人"栏中输入收件人的地址，最后单击"发送"按钮进行转发。

5．通讯簿的使用

（1）建立通讯簿。在 Outlook Express 窗口中，单击"通讯簿"按钮，打开通讯簿窗口，如图 5-10 所示。

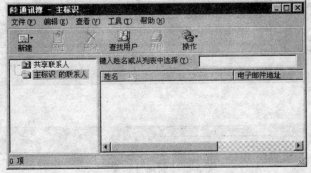

图 5-10　通讯簿窗口

（2）在通讯簿窗口中，选择"新建"菜单中的"新建联系人"命令，这时打开属性对话框，在此对话框中输入联系人的相关信息，最后单击"确定"按钮，就可以将联系人的信息添加到通讯簿中。

（3）将发件人的地址添加到通讯簿中。收到一个信件后，右击该信件，在弹出的快捷菜单中，选择"将发件人添加到通讯簿"命令，就可以将发件人的电子邮件地址添加到通讯簿中。

（4）将通讯簿中的地址填写到电子邮件的收件人地址中。方法是在通讯簿中单击某个具体的收件人地址，然后单击通讯簿窗口中的"操作"按钮，在下拉列表框中选择"发送邮件"命令，这时，在打开"新邮件"窗口的同时，选定的邮箱地址也会自动填写在"收件人"栏中。

五、实验思考题

1．如果要将一封信同时发送给多个人，应该如何操作？

2．对于接收到的信件在阅读之后可以进行怎样的处理？

3．设置邮箱账户时，设置的 POP3 服务器和 SMTP 服务器的作用是什么？

实验 5-3 网页制作软件 FrontPage 2000 的使用

一、实验目的

1．熟悉 FrontPage 2000 的功能。

2．掌握 FrontPage 2000 中网站的创建方法。

3．掌握 FrontPage 2000 中网页的制作及编辑方法。

二、实验内容

1．创建名为"My Webs"的站点。

2．在站点中创建普通网页。

3．向网页中输入文本，创建列表，插入图片，创建超链接，并对网页使用主题。

三、实验环境

Microsoft FrontPage 2000。

四、操作过程

1．创建新的站点

（1）启动 FrontPage 2000。单击"开始"按钮，打开"开始"菜单，在"开始"菜单中选择"程序"级联菜单中的 Microsoft FrontPage 命令，打开 FrontPage 窗口，如图 5-11 所示。

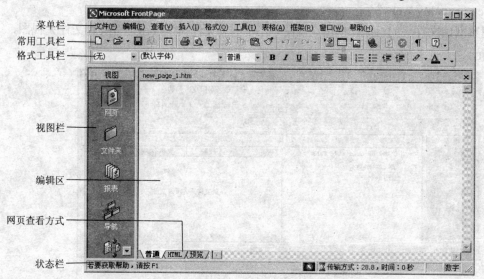

图 5-11 FrontPage 2000 的窗口

（2）选择"文件"菜单中的"新建"命令，在级联菜单中选择"站点"命令，打开"新建"对话框，如图 5-12 所示。

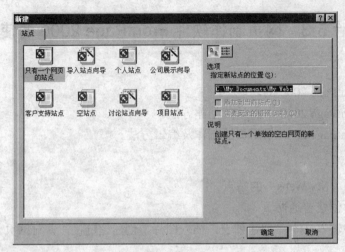

图 5-12 创建站点的"新建"对话框

（3）在对话框中，选择"空站点"选项，不使用模板或向导。

（4）在对话框右侧"指定新站点的位置"下拉列表框中指定保存这个网站的文件夹的地址，这里选择"我的文档"下的"My Webs"文件夹，然后单击"确定"按钮，新站点创建完毕。

建立了新的站点之后，窗口的标题栏由"Microsoft FrontPage"变成了"Microsoft FrontPage – C:\My Documents\My Webs"。

（5）观察网站文件夹的组成，单击"视图"栏中的"文件夹"按钮，切换到文件夹视图，如图 5-13 所示。

图 5-13 新建站点的文件夹结构

从图中可以看出，新创建的网站文件夹"My Webs"中自动包含了两个新文件夹。一个是_private，另一个是 images，后者用来保存该站点中的图片文件。

2．新建网页

（1）选择"文件"菜单中的"新建"命令，在级联菜单中选择"网页"命令，打开"新建"对话框，如图 5-14 所示。

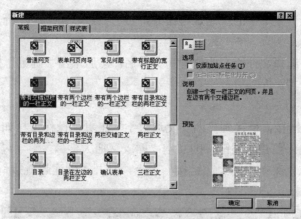

图 5-14   创建网页的"新建"对话框

（2）在对话框的"常规"选项卡中，选择"普通网页"选项，然后单击"确定"按钮，创建一个空白的网页。

3．设置网页标题

（1）选择"文件"菜单中的"属性"命令，打开网页属性对话框。

（2）在对话框的"常规"选项卡的"标题"文本框中输入标题内容"网页制作"。

（3）单击"确定"按钮，关闭对话框。

4．输入文本和设置格式

（1）向网页中输入一些文本，文本内容自拟。

（2）选中已输入的文本。

（3）选择"格式"菜单中的"字体"命令，打开"字体"对话框。

（4）在对话框中对选中的文本进行字体、字号、颜色的设置。

（5）选择"格式"菜单中的"段落"命令，打开"段落"对话框。

（6）在对话框中对选中的文本进行对齐方式、缩进、行距、字间距的设置。

5．创建列表

列表包括项目符号列表和编号列表，项目符号列表中的每一项前面都有一个图标，而编号列表中每一项则按顺序进行编号。

建立项目符号列表的操作过程如下：

（1）输入每个项目的具体内容，输入时，每个条目单独成为一段。

（2）选择要设置成列表的段落。

（3）选择"格式"菜单中的"项目符号和编号"命令，打开"项目符号和编号方式"对话框。

（4）对话框中有三个选项卡，现在要建立项目符号列表，可以打开"无格式项目列表"选项卡，在该选项卡中选择一种项目符号后，单击"确定"按钮。

如果要建立编号列表，方法是一样的，只是在"项目符号和编号方式"对话框中，打开第 3 个选项卡"编号"，在选项卡中选择所要的编号方式，然后单击"确定"按钮。

6．插入图片

（1）将插入点定位到要插入图片的位置。

（2）选择"插入"菜单中的"图片"命令，然后在级联菜单中选择"来自文件"命令，打开"图片"对话框。

（3）在对话框中选择文件所在的位置和文件名，然后单击"确定"按钮，这时，选中的图片被插入到网页中。

7. 创建超链接

在网页中创建超链接，链接到"西安交通大学"主页，操作过程如下：

（1）在网页中输入要建立超链接的文本"西安交通大学"。

（2）选择"插入"菜单中的"超链接"命令，打开"创建超链接"对话框，如图 5-15 所示。

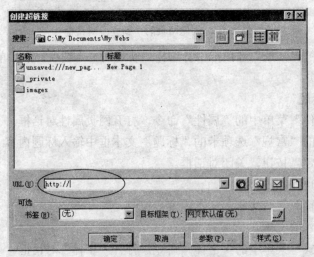

图 5-15 "创建超链接"对话框

（3）在对话框的"URL"文本框中输入要链接的网址"www.xjtu.edu.cn"，然后，单击"确定"按钮，这时可以看到，插入了超链接后的文本"西安交通大学"变成带有下画线的蓝色文本。

（4）单击窗口下方的"HTML"标签，切换到 HTML 方式，观察制作的网页对应的 HTML 代码。

（5）单击窗口下方的"预览"标签，切换到预览方式，观察网页在 IE 浏览器中实际显示的效果。

8. 对网页使用主题

（1）选择"格式"菜单中的"主题"命令，打开"主题"对话框，如图 5-16 所示。

（2）在对话框左侧的列表框中列出了所有的主题，单击某个主题，同时该主题在右侧的"主题示例"的预览框中显示，这里选择"渐蓝"主题。

（3）对话框的左上角有两个单选按钮，如果对网页使用主题，选择"所选的网页"单选按钮；如果要对站点使用主题，则选择"所有网页"单选按钮，本实验只创建了一个网页，因此，选择哪一个结果都是一样的，选择"所选的网页"单选按钮，然后单击"确定"按钮。

（4）选择"文件"菜单中的"保存"命令，将正在编辑的网页保存到当前的站点中。

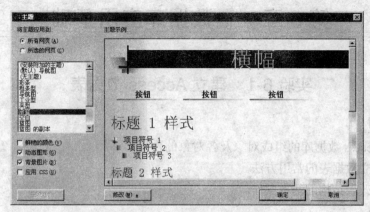

图 5-16 "主题"对话框

五、实验思考题

1. FrontPage 2000 提供了哪几种视图方式？它们分别显示什么内容？

2. 使用"模板"创建的网页与单击"新建"按钮创建的网页有什么不同？

3. 在向网页中插入图像时，所使用的图像文件格式常用的有哪两种？为什么通常使用这两种格式？

第6章 // 数据库应用基础

实验 6-1 建立 Access 数据表

一、实验目的

1. 了解 Access 数据库的组成对象及各对象的作用。
2. 掌握建立数据表的常用方法。
3. 熟悉修改表结构的基本操作。

二、实验内容

1. 建立数据库"study.mdb"。
2. 在"study.mdb"数据库中建立三个数据表，分别是"学生"表、"课程"表和"选修成绩"表，要求在建立表时分别使用数据表视图和设计视图。
3. 以"学生"表为例，进行表结构的修改，包括设置主键和修改字段的属性。

三、实验环境

Microsoft Access 2000。

四、操作过程

1. 启动 Access

（1）单击"开始"按钮，打开"开始"菜单。

（2）将鼠标移动到"程序"项，这时打开级联菜单。

（3）在级联菜单中选择 Microsoft Access 命令，启动 Access，打开启动对话框，如图 6-1 所示。

图 6-1 Access 的启动对话框

（4）在对话框中选择"空数据库"单选按钮，然后单击"确定"按钮，打开"文件新建数据库"对话框，如图 6-2 所示。

（5）在"文件名"文本框内输入数据库名"study"。

（6）单击"创建"按钮，这时在 Access 窗口内打开数据库 study，如图 6-3 所示。

观察此窗口的组成，回答以下问题：

- study 数据库由几个对象组成，分别是什么？
- 标题栏上显示的文档名是什么？

图 6-2　"文件新建数据库"对话框

2. 用数据表视图建立"学生"表

（1）在图 6-3 所示的窗口中，选择"表"对象。

图 6-3　Access 窗口

（2）单击"新建"按钮，打开"新建表"对话框，如图 6-4 所示。

（3）选择列表框中的"数据表视图"选项。

（4）单击"确定"按钮，打开名为"表 1"的数据表视图窗口，如图 6-5 所示。

图 6-4 "新建表"对话框

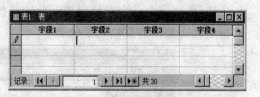

图 6-5 数据表视图窗口

（5）双击视图窗口中的"字段 1"，该字段呈反白显示。

（6）向该字段中输入"学号"。

（7）用同样方法，将字段 2、字段 3、字段 4 分别改名为"姓名"、"性别"、"年龄"。

（8）在记录区输入如图 6-6 所示的数据。

图 6-6 数据表

（9）输入完毕，选择"文件"菜单中的"保存"命令，打开"另存为"对话框，如图 6-7 所示。

（10）在"表名称"文本框中输入数据表的名称"学生"。

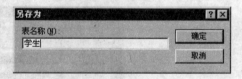

图 6-7 "另存为"对话框

（11）单击"确定"按钮，弹出"Microsoft Access"对话框，如图 6-8 所示，对话框提示用户目前还没有对此数据表定义主关键字。

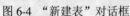

图 6-8 提示定义主关键字对话框

（12）这里暂时先不定义主关键字，因此，单击"否"按钮。

这时，数据表"学生"建立完毕，数据库窗口中出现该表的名称。

3. 用设计视图建立"课程"表

该表中包括 3 个字段，字段名称分别是"课号"、"课程名称"、"学分"，其中前 2 个字段为文本类型，"学分"字段为数字型，该表的主键是"课号"。

（1）选择"表"对象，单击"新建"按钮，打开"新建表"对话框。

（2）选择对话框中的"设计视图"选项。

（3）单击"确定"按钮，这时打开设计视图窗口，如图 6-9 所示。

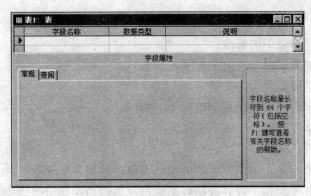

图 6-9　设计视图窗口

（4）在"字段名称"列第一行输入"课号"。

（5）单击"数据类型"栏，该框右边出现下三角按钮。

（6）单击下三角按钮"▼"，打开下拉列表框。

（7）在列表框中选择"文本"，第一个字段设计完成。

（8）单击第一个字段名称左边的方框选择此字段，此方框内出现"▶"，然后，单击工具栏上的"主键"按钮，将此字段定义为主关键字段。

（9）从第二行开始依次输入其他字段，字段分别为"课程名称"和"学分"，数据类型分别为"文本"和"数字"。

（10）选择"文件"菜单中的"保存"命令，打开"另存为"对话框。

（11）在"表名称"文本框中输入数据表名称"课程"，然后单击"确定"按钮。

（12）单击工具栏上的"视图"按钮右边的下三角按钮"▼"，打开下拉列表框，在列表框中选择"数据表视图"选项，切换到数据表视图。

（13）在数据表视图输入有关课程的记录，输入后的数据表如图 6-10 所示。

（14）单击数据表视图窗口右上角的"关闭"按钮，关闭此窗口。

至此，数据表"课程"建立完毕。

4．使用设计视图建立数据表"选修成绩"

该表中包括 3 个字段，字段名称分别是"学号"、"课号"和"成绩"，其中前 2 个字段为文本类型，最后一个为数字类型，该表中不设置主键，结构建立后，向该表中输入的记录内容如图 6-11 所示。

课号	课程名称	学分
C01	操作系统	3
C02	英语	4
C03	软件开发	3
C04	数据库原理	2
C05	数据结构	3
*		0

记录：5　共有记录数：5

图 6-10　"课程"表及表中的记录

学号	课号	成绩
100001	C01	90
100001	C02	75
100002	C03	83
100002	C05	95
100003	C01	76
100004	C01	85
*		0

记录：6　共有记录数：6

图 6-11　"选修成绩"表及表中的记录

具体的操作过程请参照"课程"表的创建过程，这里不再重复，这样，数据库"study"中就已经有了 3 张数据表。

5．修改"学生"表的结构

对该表的结构，作以下的修改：

◆ 将"学号"的数据类型改为文本型。

◆ 将"学号"字段定义为主关键字。

◆ 将"性别"字段的有效性规则设置为："男"or"女"。

◆ 将"年龄"字段的有效性规则设置为：>=17 and <=23。

操作过程如下：

（1）单击"表"对象，然后在右侧的窗格内单击数据表"学生"。

（2）单击"设计"按钮，打开设计视图窗口，该窗口中显示"学生"表的结构。

（3）在设计视图中单击"学号"数据类型右侧的下三角按钮"▼"，打开下拉列表框。

（4）在下拉列表框中选择"文本"，将该字段类型改为文本型。

（5）单击"学号"字段名称左边的方框选择此字段，此方框内出现"▶"，然后，单击工具栏上的"主键"按钮，将此字段定义为主关键字段。

（6）单击"性别"字段，然后单击属性区的"有效性规则"栏，向此栏中输入："男"or"女"。

（7）单击"年龄"字段，然后单击属性区的"有效性规则"栏，向此栏中输入：>=17 and <=23。

（8）单击设计视图窗口右上角的"关闭"按钮，弹出如图 6-12 所示的对话框，提示是否保存更改。

（9）单击"是"按钮，保存所做的更改。

至此，数据表结构修改完毕。

图 6-12　保存更改提示对话框

五、实验思考题

1．写出 Access 数据库组成对象的名称，并简要说明它们的作用。

2．实验中对"学生"表中的"年龄"和"性别"字段设置的有效性规则对已经输入的记录有效还是对新输入的记录有效。

3．简要说明用设计视图和数据表视图建立数据表的方法有什么区别。

实验 6-2　数据表的基本操作

一、实验目的

1．熟悉数据表的编辑方法。

2．掌握数据表中记录排序的方法。

3．熟悉记录的查找和替换的方法。

4．掌握数据表中记录的筛选操作。

二、实验内容

1．修改数据表中的数据，并向表中添加新的记录。

2．对"学生"表按指定的字段对记录排序。

3．在"学生"表中查找特定值的记录。

4．对"学生"表在数据表视图下按指定的条件进行记录的筛选。

5．在数据表视图下，对"学生"表进行内容排除筛选，用来显示"年龄"不是 19 的记录。

三、实验环境

Microsoft Access 2000。

四、操作过程

1．修改"学生"表中的数据

（1）单击"表"对象。

（2）单击数据表"学生"。

（3）单击"打开"按钮，在数据表视图下打开此数据表。

（4）将这个数据表中的第 2 条记录的年龄由"21"改为"20"，姓名由"李西平"改为"李平"。

（5）单击工具栏上的"保存"按钮，保存所做的修改。

（6）单击数据表视图窗口右上角的"关闭"按钮，将此数据表关闭。

2．分别向"学生"表和"课程"表中添加新的记录

（1）单击"表"对象。

（2）单击数据表"学生"。

（3）单击"打开"按钮，在数据表视图下显示此数据表。

（4）向此数据表中输入新的记录，记录中各字段内容分别为：

　　　　100006，王红，女，22

（5）单击工具栏上的"保存"按钮，保存所做的修改。

（6）单击数据表视图窗口右上角的"关闭"按钮，将此数据表关闭。

（7）单击数据表"课程"。

（8）单击"打开"按钮，在数据表视图下显示此数据表。

（9）向此数据表中输入第 6 条记录，记录中各字段内容分别为：

　　　　C06，C 语言程序设计，2

（10）单击数据表视图窗口右上角的"关闭"按钮，将此数据表关闭。

3．在数据表视图下对记录按指定的字段顺序显示

（1）单击"表"对象。

（2）单击数据表"学生"。

（3）单击"打开"按钮，在数据表视图下显示此数据表。

（4）单击"年龄"字段，将此字段作为排序关键字。

（5）单击工具栏上的"升序"按钮，观察窗口中显示的记录顺序。

（6）单击工具栏上的"降序"按钮，观察窗口中显示的记录顺序。

（7）单击"记录"菜单。

（8）选择"取消筛选/排序"命令，将记录恢复为原来的顺序。

4．在"学生"表中查找特定值的记录

（1）在"学生"表中，单击字段名"年龄"，选择按此字段进行查找。

（2）单击"编辑"菜单。

（3）选择"查找"命令，打开"查找和替换"对话框，如图 6-13 所示。

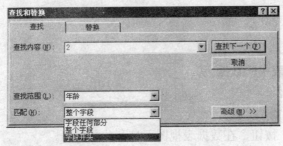

图 6-13 "查找和替换"对话框

（4）在"查找内容"文本框内输入"2"。

（5）在"匹配"下拉列表框中选择"字段开头"。

（6）单击"查找第一个"按钮，观察查找到的第一个记录是哪个。

（7）单击"查找下一个"按钮，观察查找到的记录。

（8）在"匹配"下拉列表框中选择"整个字段"。

（9）单击"查找下一个"按钮，弹出未找到
的提示对话框，如图 6-14 所示。

（10）单击"确定"按钮，关闭对话框。

（11）单击"关闭"按钮，关闭"查找和替
换"对话框。

图 6-14 查找结果对话框

5．按选定的内容筛选记录

（1）在数据表视图中打开"学生"表，寻找年龄为 19 的记录，并单击该年龄值。

（2）单击"记录"菜单。

（3）指向"筛选"命令，打开级联菜单。

（4）选择级联菜单中的"按选定内容筛选"命令，观察屏幕上显示的记录，都是年龄为
19 的记录。

（5）单击"记录"菜单，选择"取消筛选/排序"命令，恢复显示所有的记录。

6．排除选定内容的筛选记录

（1）在数据表视图中打开"学生"表，寻找年龄为 19 的记录，并单击该年龄值。

（2）单击"记录"菜单。

（3）指向"筛选"命令，打开级联菜单。

（4）选择级联菜单中的"内容排除筛选"命令，观察屏幕上显示的记录，这次都是年龄
不是 19 的记录。

（5）单击"记录"菜单。

（6）选择"取消筛选/排序"命令，恢复显示所有的记录。

五、实验思考题

1. 根据操作过程写出数据表编辑常用的方法。

2. 写出排序前后数据表的具体内容，并总结排序的方法和应注意的问题。

3. 写出在数据表中查找数据的操作过程。

4. 说明筛选记录的方法和过程。

5. 写出按内容排除筛选记录的操作过程和结果，并比较按选定内容筛选记录和按内容排除筛选记录方法的区别。

实验 6-3　建立表间关系

一、实验目的

1. 掌握在数据表之间建立关系的方法。

2. 通过实例操作了解参照完整性的含义。

3. 掌握对主表中的记录进行更新和删除操作时，在从表中实现级联更新和删除。

二、实验内容

1. 以"学生"表为主表，"选修成绩"表为从表，通过"学号"字段在两个数据表之间建立一对多关系，并同时设置实施参照完整性。

2. 以"课程"表为主表，"选修成绩"表为从表，通过"课号"字段在两个表之间建立一对多的关系，并设置实施参照完整性。

3. 在设置了参照完整性规则之后，修改主表中主键的值，观察从表中字段值的变化。

4. 删除主表中的某条记录，观察从表中记录的变化。

三、实验环境

Microsoft Access 2000。

四、操作过程

1. 建立"学生"和"选修成绩"之间、"课程"和"选修成绩"的表间关系

（1）单击"工具"菜单。

（2）选择"关系"命令，打开"显示表"对话框，如图 6-15 所示。

（3）打开"表"选项卡，对话框中显示的是前面已经建立的三个数据表。

（4）选择"学生"数据表，然后单击"添加"按钮，此表显示在"关系"窗口中。

（5）用同样的方法分别选择"课程"表和"选修成绩"表，再将这两个表也添加到"关系"窗口中。

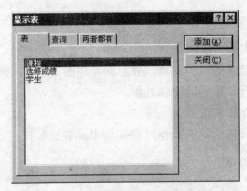

图 6-15 "显示表"对话框

（6）单击"关闭"按钮，关闭此对话框，刚选择的 3 个数据表出现在"关系"窗口中，如图 6-16 所示。

图 6-16 "关系"窗口

请仔细观察，窗口中"学生"表中的"学号"字段与"选修成绩"表中的"学号"字段在显示上有什么不同，同样观察"课程"表中的"课号"与"选修成绩"表中的"课号"字段在显示上有什么不同。

（7）在"关系"窗口中，将"学生"表中的"学号"字段拖到"选修成绩"表的"学号"字段，弹出"编辑关系"对话框，如图 6-17 所示。

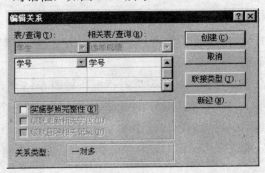

图 6-17 "编辑关系"对话框

（8）在"编辑关系"对话框中，可以看到，"关系类型"自动设置为"一对多"，这是由于在 Access 中，用来建立表间关系的字段，如果在从表中不是主键，则自动创建"一对多"的关系，否则，创建"一对一"的关系，本实验中用来建立表间关系的"学号"字段是"学生"表的主键，但不是"选修成绩"表的主键，因此，关系类型为"一对多"。

在此对话框中，进行下面的操作：

- 选中"实施参照完整性"复选框。
- 选中"级联更新相关字段"复选框。
- 选中"级联删除相关记录"复选框。

（9）单击"创建"按钮，返回到"关系"窗口。

（10）在"关系"窗口中，将"课程"表中的"课号"字段拖到"选修成绩"表的"课号"字段，在这两个表之间也建立联系，同样弹出"编辑关系"对话框。

（11）在"编辑关系"对话框中同样也选中三个复选框，然后单击"创建"按钮返回到"关系"窗口，这时，窗口中显示已创建好的表间关系，如图 6-18 所示。

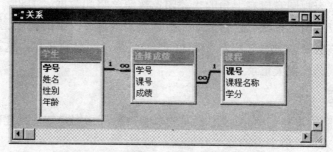

图 6-18 创建表间关系后的"关系"窗口

（12）单击"关系"窗口的"关闭"按钮，关闭此窗口，这时，弹出是否保存关系布局的对话框。

（13）单击"是"按钮，至此，三个数据表之间的关系建立完毕。

2. 级联更新相关字段

（1）单击"表"对象。

（2）单击"学生"表，然后单击"打开"按钮，在数据表视图下打开此数据表，仔细观察这时"学生"表的显示与创建表间关系之前有什么不同。

（3）将此数据表中的第四条记录的学号由"100004"改为"111111"。

（4）单击工具栏上的"保存"按钮，保存所做的修改。

（5）单击数据表视图窗口右上角的"关闭"按钮，将此数据表关闭。

（6）单击"表"对象。

（7）单击数据表"选修成绩"，然后单击"打开"按钮，在数据表视图下打开此数据表。

可以看到，该数据表中的原来学号为"100004"的记录，其学号也被同时修改为"111111"，这就是"实施参照完整性"中的"级联更新相关字段"。

（8）单击数据表视图窗口右上角的"关闭"按钮，将此数据表关闭。

3. 级联删除相关记录

（1）单击"表"对象。

（2）单击"学生"数据表。

（3）单击"打开"按钮，在数据表视图下打开此数据表。

（4）选择数据表中学号为"111111"的记录，单击该记录最左边的方框选择此记录。

（5）选择"编辑"菜单中的"删除记录"命令，弹出确认删除对话框，如图 6-19 所示，仔细观察对话框中的内容。

图 6-19　确认删除对话框

（6）单击对话框中的"是"按钮。

（7）单击工具栏上的"保存"按钮，保存所做的修改。

（8）单击数据表视图窗口右上角的"关闭"按钮，将此数据表关闭。

（9）在数据表视图下打开"选修成绩"数据表，观察该表中的记录。

可以看到，该数据表中的学号为"111111"的记录也同时被删除，这就是"实施参照完整性"中的"级联删除相关记录"。

五、实验思考题

1．结合本次实验，总结 Access 中表间关系的类型，它们是如何创建的？

2．建立表间关系前后主表的显示有什么不同？

3．结合实验说明表间关系对参照完整性的影响以及级联更新相关字段和级联删除相关记录的具体效果。

实验 6-4　建　立　查　询

一、实验目的

1．熟悉 Access 中查询的基本概念。

2．掌握常用查询的建立方法。

二、实验内容

1．利用向导创建查询，数据源是"学生"和"选修成绩"两个数据表，要求将两个表的字段合并产生查询，查询名称为"两表查询"。

2．利用设计视图建立查询，数据源是"学生"表，查询结果中要求有字段"学号"、"姓名"、"性别"，并产生一个新的字段"出生年份"，用来计算每个学生的出生年份，计算方法是当前的年份（2006 年）减去年龄，并按"出生年份"的升序输出，查询名称为"出生年份升序"。

3．利用设计视图建立查询，数据源是前面建立的"出生年份升序"查询，要求查询结果包含出生年份在 1986 年以后的记录，并按"学号"字段升序排列，查询名称为"1986 年以后出生的学生"。

4．利用设计视图建立"3 表合并"查询，要求查询的数据源来自三个数据表，查询结果中包含字段学号、姓名、课号、课程名称和成绩。

三、实验环境

Microsoft Access 2000。

四、操作过程

1. 利用向导创建查询

（1）单击"查询"对象，目前还没有建立查询。

（2）单击"新建"按钮，打开"新建查询"对话框，如图 6-20 所示。

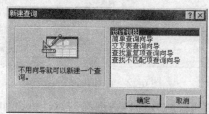

图 6-20　"新建查询"对话框

（3）在列表框中选择"简单查询向导"选项。

（4）单击"确定"按钮，打开"简单查询向导"对话框，如图 6-21 所示。

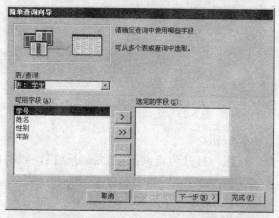

图 6-21　"简单查询向导"对话框

（5）打开"表/查询"下拉列表框，选择"学生"数据表，此时"可用字段"列表框中显示出该数据表的各个字段名称。

（6）单击"学号"字段名。

（7）单击"＞"按钮，此字段名出现在"选定的字段"列表框中。

（8）重复步骤（6）～（7），依次选择"姓名"、"性别"、"年龄"。

（9）打开"表/查询"下拉列表框，选择"选修成绩"数据表，这时，在"可用字段"列表框中显示出该数据表的各个字段名称。

（10）重复步骤（6）～（7）依次选择"课号"、"成绩"2 个字段，这时，"选定的字段"列表框中总共包含了两个表中的 6 个字段，如图 6-22 所示。

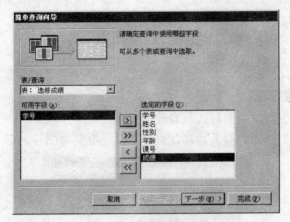

图 6-22 已选定的字段

（11）单击"下一步"按钮，打开选择查询类型对话框，如图 6-23 所示。

图 6-23 选择查询类型对话框

（12）选择"明细"单选按钮。

（13）单击"下一步"按钮，打开为查询指定标题对话框，如图 6-24 所示。

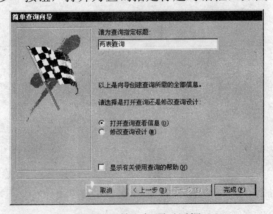

图 6-24 输入标题对话框

（14）在"请为查询指定标题"文本框中输入"两表查询"。

（15）单击"完成"按钮，观察屏幕上显示的查询结果。

（16）单击"关闭"按钮将此查询关闭。

（17）双击该查询，打开此查询观察结果。

2．利用设计视图建立"出生年份升序"查询

（1）单击"查询"对象。

（2）单击"新建"按钮，打开"新建查询"对话框。

（3）在列表框中选择"设计视图"选项。

（4）单击"确定"按钮，打开"显示表"对话框，如图 6-25 所示。

（5）打开"表"选项卡。

（6）选择列表框中的"学生"数据表，然后，单击"添加"按钮。

（7）单击"关闭"按钮，关闭此对话框，打开建立查询的设计网格窗口。

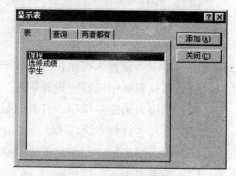

图 6-25　"显示表"对话框

（8）在字段列表框中双击"学号"，将其添加到设计网格中。

（9）在字段列表框中双击"姓名"，将其添加到设计网格中。

（10）在字段列表框中双击"性别"，将其添加到设计网格中。

（11）在设计网格的第 4 个字段名栏中，输入如下内容：

出生年份:2006-年龄

应注意所有符号均是在英文状态下输入。

（12）单击该字段的"排序"栏，在打开的下拉列表框中选择"升序"选项，设计后的窗口内容如图 6-26 所示。

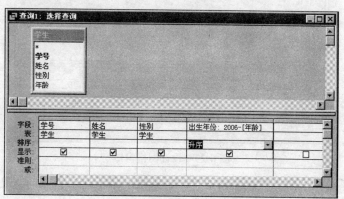

图 6-26　查询的设计视图窗口

（13）单击工具栏上的"执行"按钮"！"，显示查询的执行结果，如图 6-27 所示。

图 6-27　查询的执行结果

（14）单击工具栏上的"保存"按钮，打开"另存为"对话框，如图 6-28 所示。

（15）在"查询名称"文本框中输入"出生年份升序"。

（16）单击"确定"按钮，至此，建立查询完毕。

（17）单击"关闭"按钮将此查询关闭。

图 6-28 "另存为"对话框

3．利用设计视图建立查询

（1）单击"查询"对象。

（2）单击"新建"按钮，打开"新建查询"对话框。

（3）在列表框中选择"设计视图"选项。

（4）单击"确定"按钮，打开"显示表"对话框。

（5）打开"查询"选项卡。

（6）单击列表框中已创建的查询"出生年份升序"，用此查询作为数据源。

（7）单击"添加"按钮。

（8）单击"关闭"按钮，关闭此对话框，打开建立查询的设计网格窗口。

（9）在字段列表框中分别双击"学号"、"姓名"、"性别"和"出生年份"，将其添加到设计网格中。

（10）单击"学号"字段的"排序"栏，在打开的下拉列表框中选择"升序"选项。

（11）在"出生年份"字段的"准则"栏内输入">=1986"，设计后的网格窗口如图 6-29 所示。

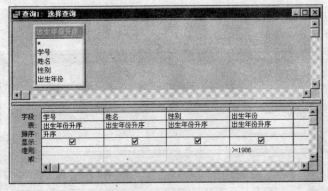

图 6-29 设计网格窗口

（12）单击工具栏上的"执行"按钮"！"，观察屏幕上显示的查询结果。

（13）单击工具栏上的"保存"按钮，打开"另存为"对话框。

（14）在"查询名称"文本框中输入"1986 年以后出生的学生"。

（15）单击"确定"按钮，查询建立完毕。

（16）单击"关闭"按钮将此查询关闭。

4．利用设计视图建立"3 表合并"查询

（1）单击"查询"对象，然后单击"新建"按钮，打开"新建查询"对话框。

（2）在列表框中选择"设计视图"选项，然后单击"确定"按钮，打开"显示表"对话框。

（3）打开"表"选项卡。

（4）选择列表框中的“学生”数据表，然后单击“添加”按钮。

（5）选择列表框中的“选修成绩”数据表，然后单击“添加”按钮。

（6）选择列表框中的“课程”数据表，然后单击“添加”按钮。

（7）单击“关闭”按钮，关闭此对话框，打开建立查询的设计网格窗口，注意到已经创建的表间关系也显示在设计视图窗口中。

（8）在“学生”表的字段列表框中分别双击“学号”和“姓名”，将其添加到设计网格中。

（9）在“课程”表的字段列表框中分别双击“课号”和“课程名称”，将其添加到设计网格中。

（10）在“选修成绩”表的字段列表框中双击“成绩”，将其添加到设计网格中。

这时的设计视图内容如图 6-30 所示。

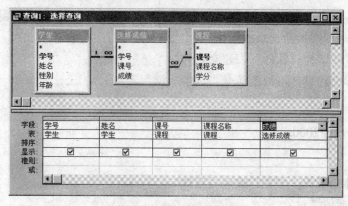

图 6-30　设计视图窗口

（11）单击工具栏上的“执行”按钮“！”，屏幕上显示的查询结果如图 6-31 所示。

（12）单击工具栏上的“保存”按钮，打开“另存为”对话框。

（13）在“查询名称”文本框中输入“3 表合并”。

（14）单击“确定”按钮，查询建立完毕。

（15）单击“关闭”按钮将此查询关闭。

至此，本次实验在“查询”对象中已经创建了四个查询。

学号	姓名	课号	课程名称	成绩
100001	张成	C01	操作系统	90
100001	张成	C02	英语	75
100002	李西平	C03	软件开发	83
100002	李西平	C05	数据结构	95
100003	陈丽丽	C01	操作系统	76

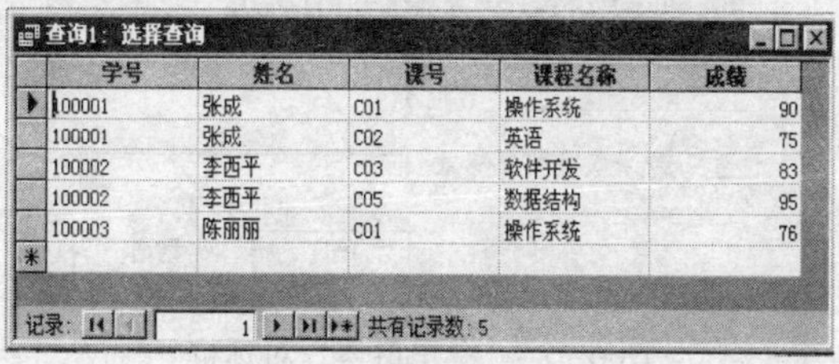

图 6-31　查询的运行结果

五、实验思考题

1．对本次实验所建立的四个查询，分别结合原来的数据源说明查询的结果。

2．结合建立后三个查询所用的设计视图窗口即查询设计器，说明不同查询的条件设置方法。

3．写出在建立查询时产生新字段的方法和过程。

4．结合本次实验，总结 Access 中查询的各种类型和常用的建立方法。

实验 6-5　建 立 窗 体

一、实验目的

1．掌握利用向导建立窗体的方法。

2．掌握利用设计视图建立窗体的方法。

二、实验内容

1．利用窗体向导为"学生"表建立窗体，窗体名为"学生"，并利用此窗体对数据表"学生"进行显示记录和添加新记录的操作。

2．利用设计视图为"课程"表建立窗体。

3．利用向导创建窗体，数据源是"选修成绩"表。

三、实验环境

Microsoft Access 2000。

四、操作过程

1．利用窗体向导为"学生"表建立窗体

（1）单击"窗体"对象。

（2）单击"新建"按钮，打开"新建窗体"对话框，如图 6-32 所示。

（3）在列表框中选择"窗体向导"选项。

（4）在"请选择该对象数据的来源表或查询"下拉列表框中选择"学生"。

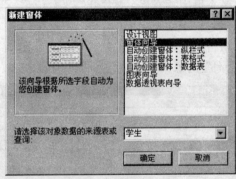

图 6-32　"新建窗体"对话框

（5）单击"确定"按钮，打开"窗体向导"对话框，如图 6-33 所示。

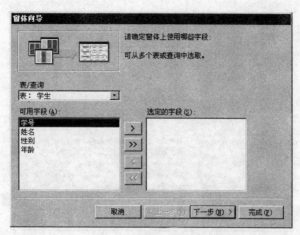

图 6-33　"窗体向导"对话框

（6）单击">>"按钮，使所有"可用字段"名出现在"选定的字段"列表框中。

（7）单击"下一步"按钮，打开选择窗体布局的对话框，如图 6-34 所示。

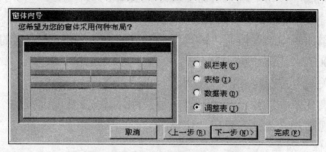

图 6-34　选择窗体布局对话框

（8）选择"调整表"单选按钮。

（9）单击"下一步"按钮，打开选择样式对话框，如图 6-35 所示。

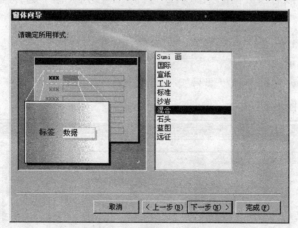

图 6-35　选择样式对话框

（10）在样式列表框中选择"混合"。

（11）单击"下一步"按钮，打开输入标题对话框，如图 6-36 所示。

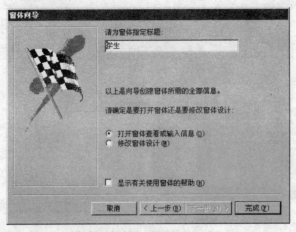

图 6-36　输入标题对话框

（12）在"请为窗体指定标题"文本框中输入"学生"。

（13）单击"完成"按钮，观察屏幕上显示的窗体的执行结果，利用记录指示器分别单击"▶"、"◀"等按钮，观察显示记录的情况。

（14）单击"添加新记录"按钮"▶*"，在此窗体中输入如下内容的新记录：

100007，周清，男，21

（15）单击"关闭"按钮将此窗体关闭。

（16）在数据表视图中打开"学生"表，观察刚才输入的记录是否被添加到数据表中。

2. 利用设计视图对"课程"表建立窗体

（1）单击"窗体"对象。

（2）单击"新建"按钮，打开"新建窗体"对话框。

（3）在列表框中选择"设计视图"选项。

（4）在"请选择该对象数据的来源表或查询"下拉列表框中选择"课程"。

（5）单击"确定"按钮，打开空白窗体的设计视图窗口。

（6）观察窗口中有无字段名列表框，如果没有，单击"视图"菜单，选择"字段列表"命令使其在屏幕上显示。

（7）分别将字段列表框中的"课号"、"课程名称"和"学分"这三个字段拖动到设计网格中合适的位置，如图 6-37 所示。

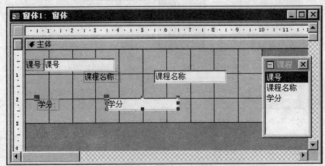

图 6-37　窗体设计视图窗口

（8）单击工具栏上的"保存"按钮，打开"另存为"对话框，如图 6-38 所示。

（9）在"窗体名称"文本框中输入"课程"。

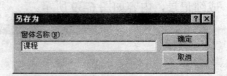

（10）单击"确定"按钮，窗体建立完毕。

（11）单击"关闭"按钮将此窗体关闭。

（12）单击"课程"选择此窗体。

（13）单击"打开"按钮，运行此窗体，观察屏

图 6-38　"另存为"对话框

幕上显示的窗体结果，若不满意，可单击工具栏最左边的"视图"按钮，选择"设计视图"
进行修改。

3. 以"选修成绩"表作为数据源创建窗体

参照以上的实验步骤，独立完成利用向导创建窗体，数据源是"选修成绩"表，要求如下：

◆ 窗体中包含字段"学号"、"课号"和"成绩"。

◆ 窗体布局为"调整表"。

◆ 样式为"古典砖墙"。

五、实验思考题

1. 写出利用向导建立窗体的全部过程，包括向导中每一步操作的作用。

2. 写出用设计视图建立窗体的方法，并简要说明设计视图窗口的组成。

实验 6-6　数据表的导入和导出

一、实验目的

1. 掌握使用导入方法创建数据表。

2. 掌握将数据表中的数据导出为其他格式文件的方法。

3. 理解通过导入和导出的功能实现在不同的程序之间进行数据的共享。

二、实验内容

1. 用 Excel 创建工作簿"学生成绩"，该工作簿中有一张名为"学生成绩"的工作表，
表中包含若干条学生成绩的记录。

2. 利用 Access 的导入操作将工作表的数据导入到"学生成绩"数据表中。

3. 利用导出操作将"学生成绩"表导出到一个文本文件中。

三、实验环境

1. Microsoft Excel 2000。

2. Microsoft Access 2000。

四、操作过程

1. 利用 Excel 创建"学生成绩"工作簿

（1）启动 Excel 2000。

（2）右击工作表标签中的"Sheet1"工作表，打开快捷菜单。

（3）在快捷菜单中选择"重命名"命令，将该工作表名称改为"学生成绩"。

（4）单击工作表的 A1 单元格，向该单元格中输入"学号"，然后，依次输入每个学生的成绩记录，内容如图 6-39 所示。

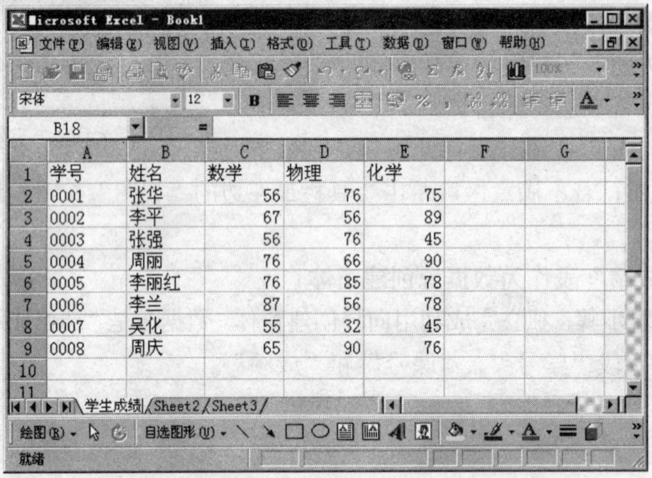

图 6-39　学生成绩数据

（5）数据输入后，选择"文件"菜单中的"保存"命令，打开"另存为"对话框，将该工作簿保存在文件夹"My Documents"中，工作簿名称为"学生成绩"。

2．将工作表中的数据导入到 Access 数据表中

（1）启动 Access，在数据库窗口中，单击"表"对象。

（2）选择"文件"菜单中的"获取外部数据"命令，然后选择级联菜单中的"导入"命令。这时，打开如图 6-40 所示的"导入"对话框。

图 6-40　"导入"对话框

（3）在"导入"对话框中：

- 在"查找范围"下拉列表框中确定导入文件所在的文件夹"My Documents"。
- 在"文件类型"下拉列表框中选择"Microsoft Excel(*.xls)"。
- 在文件列表框中选择"学生成绩.xls"文件。

单击"导入"按钮，打开"导入数据表向导"的第一个对话框，如图 6-41 所示。

（4）由于工作簿"学生成绩.xls"只有一个工作表"学生成绩"，因此，在图 6-41 中显示的就是要导入的内容。这时，单击"下一步"按钮，打开"导入数据表向导"的第二个对话框，如图 6-42 所示。

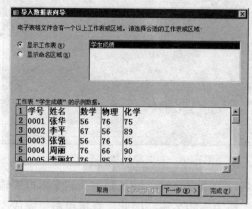

图 6-41　表向导的第一个对话框

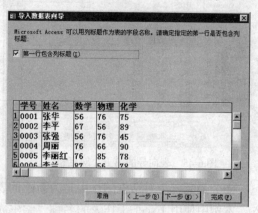

图 6-42　表向导的第二个对话框

（5）由于数据表的第一行是每一列的标题，因此，在图 6-42 中选中"第一行包含列标题"复选框，然后，单击"下一步"按钮，打开"导入数据表向导"的第三个对话框，如图 6-43 所示。

（6）向导的第三个对话框用来决定将数据导入到哪个表中，可以选择保存在"新表中"或"现有的表中"，这里选择"新表中"单选按钮，即创建一个新表保存导入的数据，然后，单击"下一步"按钮，打开"导入数据表向导"的第四个对话框，如图 6-44 所示。

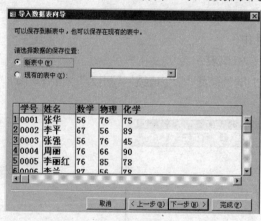

图 6-43　表向导的第三个对话框

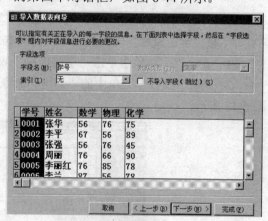

图 6-44　表向导的第四个对话框

（7）第四个对话框用来指定正在导入的每一个字段的信息，包括更改字段名、建立索引或跳过某个字段。本例中不作特别的指定，因此，单击"下一步"按钮，打开"导入数据表向导"的第五个对话框，如图 6-45 所示。

（8）第五个对话框用来确定新表的主键，首先选择"自行选择主键"单选按钮，然后在其右边的下拉列表框中选择"学号"字段作为主键，单击"下一步"按钮，打开"导入数据表向导"的第六个对话框，也是最后一个对话框，如图 6-46 所示。

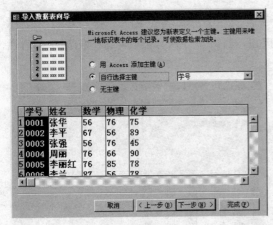

图 6-45　表向导的第五个对话框

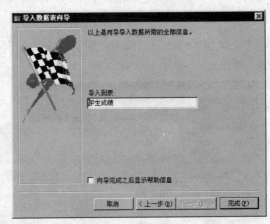

图 6-46　表向导的第六个对话框

（9）最后一个对话框的作用是为新建的表命名，可以直接在"导入到表"的文本框中输入。本例中使用 Excel 工作表的名称"学生成绩"作为表的名称，因此，直接单击"完成"按钮，这时，打开"导入数据表向导"对话框，如图 6-47 所示，该对话框提示数据导入已经完成，单击"确定"按钮关闭此对话框，导入过程结束。

图 6-47　导入完成对话框

（10）双击"表"对象中的"学生成绩"表，观察导入后的结果。

3．将"学生成绩"表的数据导出到文本文件中

（1）在"表"对象中单击"学生成绩"表，选中该表。

（2）选择"文件"菜单中的"导出"命令，打开"将表'学生成绩'导出为"对话框，如图 6-48 所示。

图 6-48　"将表'学生成绩'导出为"对话框

（3）在对话框中，"文件名"文本框中直接以表名作为文件名。

（4）单击"保存类型"右侧的下三角按钮，打开下拉列表框，在列表框中选择文本文件，然后，单击"保存"按钮，打开"导出文本向导"的第一个对话框，如图 6-49 所示。

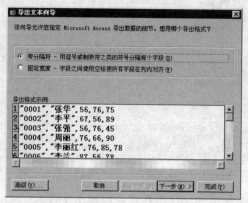

图 6-49 "导出文本向导"的第一个对话框

（5）该对话框用来设置导出的文本格式，这里选择"带分隔符-用逗号或制表符之类的符号分隔每个字段"单选按钮，然后，单击"下一步"按钮，打开"导出文本向导"的第二个对话框，如图 6-50 所示。

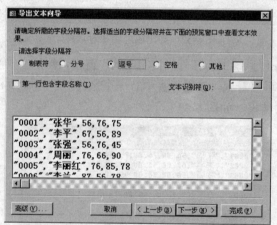

图 6-50 "导出文本向导"的第二个对话框

（6）第二个对话框用来选择字段之间所用的具体的分隔符，这里选择"逗号"作为分隔符，然后，单击"下一步"按钮，打开"导出文本向导"的第三个对话框，如图 6-51 所示，这也是最后一个对话框。

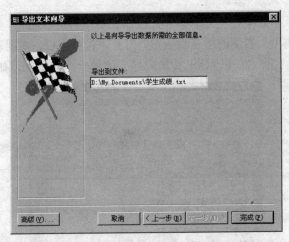

图 6-51 "导出文本向导"的第三个对话框

（7）对话框中可以修改导出的文件所在路径或导出文件名，这里不做修改，直接单击"完成"按钮，打开"导出文本向导"对话框，提示导出操作完成，如图 6-52 所示。

图 6-52 导出成功确认对话框

（8）在 Windows 操作系统中，打开"我的电脑"窗口，然后在"我的电脑"窗口中打开"我的文档"文件夹，可以看到，该文件夹中有一个名为"学生成绩.txt"的文件，双击该文件，可以看到导出后的结果，如图 6-53 所示。

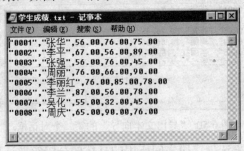

图 6-53 导出后的结果

五、实验思考题

1. 在使用导入数据创建表时，除了本实验中使用的 Excel 工作表之外，还有哪些格式的数据源？

2. 导出数据时，在"将表导出为"对话框中，除了"文本文件"格式之外，还可以导出到哪些格式的文件中？

第7章 多媒体技术

实验 7-1　使用录音机对声音进行基本处理

一、实验目的

1. 掌握音量控制的方法。
2. 掌握 Windows 操作系统中附件"录音机"的使用。
3. 熟悉声音的简单处理方法。

二、实验内容

1. 对 Windows 2000 系统的音量进行控制。
2. 使用"录音机"进行录音和播放声音。
3. 使用"录音机"进行声音的删除和声音文件的插入。

三、实验环境

Microsoft Windows 2000。

四、操作过程

1. 音量的控制

（1）准备工作

连接好计算机上的麦克风和音箱。

（2）打开"音量控制"窗口

选择"开始"菜单中的"程序"|"附件"|"娱乐"|"音量控制"命令，打开"音量控制"窗口，如图 7-1 所示。

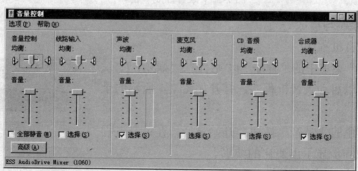

图 7-1　"音量控制"窗口

在窗口中显示了可以播放的各种不同的音源，用户可以分别对每个音源的均衡、音量、是否静音进行设置。

（3）指定音源

如果有些音源在窗口中没有出现，可以通过"属性"对话框进行添加，方法是在图 7-1
窗口中选择"选项"菜单中的"属性"命令，打开
"属性"对话框，如图 7-2 所示。

"属性"对话框中，在"显示下列音量控制"
列表框中显示了不同的音源，要使用某个音源，可
以将该音源前面的复选框选中。

（4）设置录音控制

在进行录音以前，也要进行音量等的设置，用
户可以在图 7-2 的"调节音量"选项区域中选择"录
音"单选按钮，单击"确定"按钮后打开"录音控
制"窗口，如图 7-3 所示。

图 7-2　音量控制的"属性"对话框

要使用话筒进行录音，就必须在窗口中将"麦
克风"选项区域的"选择"复选框选中。

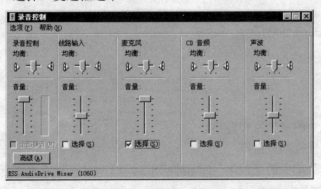

图 7-3　"录音控制"窗口

2．声音的录制与播放

（1）启动录音机程序

通过"开始"菜单中的"程序"|"附件"|"娱乐"|"录
音机"命令，可以启动录音机程序，打开如图 7-4 所示的录
音机界面。

（2）单击红色的"录音"按钮，开始录音，在录制过程
中，声波窗口中同步显示出变化的波形。

（3）录音完毕，单击"停止"按钮，结束录音。

（4）要播放已录制好的声音，可以单击"播放"按钮。

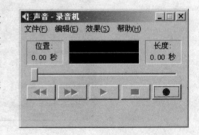

图 7-4　录音机界面

3．以不同的文件格式保存声音

（1）如果要将录制的声音保存到文件，可以选择"文件"菜单中的"另存为"命令，打
开"另存为"对话框，如图 7-5 所示。

在打开的对话框中输入文件名，然后单击"保存"按钮即可。

图 7-5 "另存为"对话框

（2）在"另存为"对话框中，还可以指定保存声音的文件格式，单击"更改"按钮，可以打开"选择声音"对话框，如图 7-6 所示。

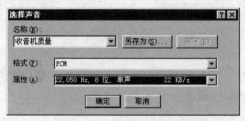

图 7-6 "选择声音"对话框

（3）在对话框的"名称"下拉列表框中，可以选择声音的质量，如"CD 质量"、"mp3"、"电话质量"、"收音机质量"等。

在对话框的"属性"下拉列表框中，可以选择不同的采样频率、编码位数、声道数和传输速率，如"22,050Hz，16 位，立体声 86KB/s"，如图 7-7 所示。

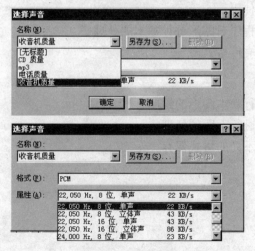

图 7-7 声音的"名称"和"属性"

选择了"名称"和"属性"后，单击"确定"按钮即可。

4．删除声音文件中的一部分

（1）选择"文件"菜单中的"打开"命令，打开要处理的声音文件。

（2）在录音机窗口中拖动滑块，定位要删除内容的起始点。

（3）打开"编辑"菜单，然后根据要删除的是起始点的前一部分还是后一部分，选择"删除当前位置以前的内容"或"删除当前位置以后的内容"命令，这时，打开新的对话框。

（4）在对话框中单击"确定"按钮，完成删除操作。

5．在当前文件中插入另一个声音文件

（1）选择"文件"菜单中的"打开"命令，打开要处理的声音文件。

（2）在录音机窗口中拖动滑块，定位插入点的位置。

（3）选择"编辑"菜单中的"插入文件"命令，打开"插入文件"对话框。

（4）在对话框中选择要插入的声音文件，然后单击"确定"按钮，完成插入。

五、实验思考题

1．在"音量控制"窗口中，包含了哪些常用的音源？用户可以对每个音源进行什么样的设置？

2．在保存声音文件时，所指定的保存类型与声音数字化时的指标之间有什么联系？

3．除了实验中进行的删除声音和插入另一个声音文件之外，使用"录音机"还可以对声音进行什么处理？

实验 7-2　Windows 操作系统画图程序的使用

一、实验目的

1．掌握画图程序的使用。

2．熟练地使用画图程序对图形进行基本的处理。

3．了解常用的图形文件格式。

二、实验内容

1．使用画图工具进行基本图形的绘制。

2．对已绘制的图形进行不同的处理。

3．将绘制的图形用不同的格式保存。

三、实验环境

Windows 2000。

四、操作过程

1．画图工具简介

（1）启动"画图"程序

选择"开始"菜单中的"程序"|"附件"|"画图"命令，可以启动"画图"程序，打开如图 7-8 所示的窗口。

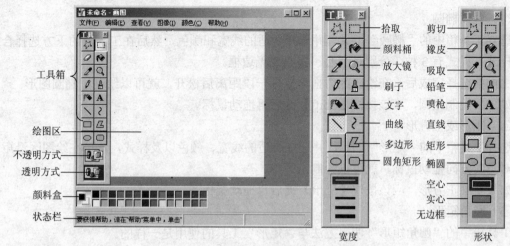

图 7-8　画图程序窗口

观察该窗口由几个区域组成，每个区域的作用是什么。

（2）使用颜料盒

使用颜料盒时，单击颜料盒上的色框可以选择新的前景色，右击颜料盒上的色框可以选择新的背景色。

逐个选择其他色框，观察颜料盒最左边方框中前景色、背景色的变化。

（3）选择画线宽度

不论是使用直线工具、曲线工具，还是绘制矩形、椭圆等，在绘图之前，都可以在"画线宽度"列表框内先选择画线的宽度。

单击工具箱中的直线工具，在绘图区内从起点拖到终点画一条直线，注意此线的宽度，然后在"画线宽度"列表框内选择其他宽度，在绘图区内再画一条直线，对比两次所画直线的宽度。

（4）使用绘图工具

使用绘图工具作图时，一般过程是：

① 在工具箱中单击绘图工具，这时被选中的工具以反白显示。

② 选择工具的宽度或形状。

③ 单击颜料盒中的颜色选择前景色。

④ 右击颜料盒中的颜色选择背景色。

⑤ 用鼠标左键画图时使用前景色画图，用右键画图时使用背景色画图。

2．绘制基本图形

（1）直线

选择了"直线"工具，并选择了合适的线宽和颜色后，在绘图区内从起点拖到终点就可以画出一条直线。

在绘制直线时，如果要绘画水平、垂直或 45 度线时，应该按住【Shift】键后再拖动鼠标。

（2）曲线

绘制曲线时，在绘图区内从起点拖到终点，然后拖动此线上的任意一点到某个位置后松开，再拖动此线上的另外一点到某个位置后松开，此时绘制曲线完成。

（3）圆或椭圆

选择工具箱中的"椭圆"工具，并选择合适的线宽和颜色，然后在工具箱的下方选择合适的样式，样式有 3 种，分别是空心、实心或无边框。

上面的选择完成后，在绘图区内拖动鼠标一段距离后松开，就可以绘制出椭圆图形。

如果要绘制正圆，应该按住【Shift】键后再拖动鼠标。

（4）矩形或正方形

选择工具箱中的"矩形"工具，并选择合适的线宽、颜色以及样式，然后在绘图区沿矩形的对角线方向拖动鼠标，就可以绘制出矩形。

如果要画正方形，应该按住【Shift】键后再拖动鼠标。

（5）圆角矩形

工具箱中的"圆角矩形"使用方法与"矩形"工具的使用是一样的。

（6）多边形

单击工具箱中的"多边形"工具，然后选择合适的线宽和颜色，再用拖动方法逐条画出多边形的各边。

3．在图形中输入文字

（1）单击工具箱中的"文字"工具。

（2）沿对角线方向拖动鼠标，出现文本框和"字体"工具栏，如图 7-9 所示。

图 7-9　文本框和"字体"工具栏

（3）在"字体"工具栏中选择字体、字号、修饰和颜色。

（4）在文本框内单击插入点。

（5）向文本框内输入文字。

（6）单击文本框之外的任意位置，结束文字输入，此时，所输入的文字成为图形的一部分。

4．选取剪切块

在进行图形处理时，要先选择剪切块，然后再进行处理，剪切块可以是矩形区域或不规则区域。

（1）选取矩形区域

单击工具箱中"拾取"工具，然后在绘图区沿对角线方向拖动鼠标，拖动过程中图形周围形成虚线框，当虚线框包围的大小合适时，松开鼠标，就可以完成选择。

（2）选取不规则区域

单击工具箱中"剪切"工具，然后，在绘图区沿任意方向拖动鼠标选择不规则区域，选择后松开鼠标，此时被选中部分仍用矩形虚线框包围。

5．清除图形

图形画错时，可用下面的任何一种方法进行清除：

◆ 画图时，释放鼠标之前按【Esc】键。

◆ 用"拾取"工具选择区域后,选择"编辑"菜单中的"剪切"命令。

◆ 用"拾取"工具选择区域后,选择"编辑"菜单中的"清除选定区域"命令。

◆ 用"橡皮"工具在图形中拖动鼠标进行擦除。

◆ 选择"图像"菜单中的"清除图像"命令可清除整个图形。

6. 颜色编辑

（1）填充封闭区域

单击工具箱中的"填充"工具,然后选择填充颜色,单击图形的封闭区域时,可用前景色填充此封闭图形;右击封闭区域则用背景色填充。

（2）用刷子涂色

单击工具箱中的"刷子"工具,出现各种刷子形状,选择某个刷子形状并选择了颜色后,在绘图区用左键拖动刷子则用前景涂色,用右键拖动时则用背景色涂色。

（3）喷涂

单击工具箱中的"喷涂"工具,出现喷涂区域大小的选择,选择喷涂区域大小和颜色后,就可以在绘图区拖动鼠标进行喷涂。

（4）改为黑白图像

选择"图像"菜单中的"属性"命令,打开"属性"对话框,在对话框中选择"黑白"单选按钮后,单击"确定"按钮,可以将彩色图形改变为黑白图形。

7. 图形的局部处理

（1）移动剪切块

将鼠标停在选择好的剪切块内,拖动鼠标,可以移动剪切块。

（2）复制剪切块

将鼠标停在剪切块内,按住【Ctrl】键后,拖动鼠标,可以复制剪切块。

（3）保存剪切块

选取剪切块后,选择"编辑"菜单中的"复制到"命令,打开对话框,再向对话框中输入文件名,最后单击"保存"按钮。

（4）翻转和旋转

选取剪切块后,选择"图像"菜单中的"翻转和旋转"命令,打开"翻转和旋转"对话框,如图 7-10 所示,在对话框中选择方式后,单击"确定"按钮。

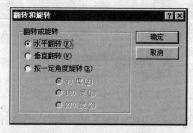

图 7-10 "翻转和旋转"对话框

（5）拉伸和扭曲图像

选取剪切块后,选择"图像"菜单中的"拉伸和扭曲"命令,打开"拉伸和扭曲"对话框,如图 7-11 所示,在对话框中选择方式后,单击"确定"按钮。

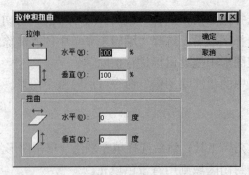

图 7-11 "拉伸和扭曲"对话框

（6）从图形文件粘贴图形

选择"编辑"菜单中的"粘贴自"命令，打开"粘贴自"对话框，如图 7-12 所示。

图 7-12 "粘贴自"对话框

向对话框中输入欲粘贴的文件名，然后单击"打开"按钮，图形被添加到绘图区的左上角，然后将图形拖到合适的位置。

8. 将图像文件以不同的格式保存

（1）选择"文件"菜单中的"另存为"命令，打开"另存为"对话框，如图 7-13 所示。

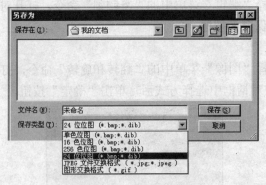

图 7-13 "另存为"对话框

（2）在"保存类型"下拉列表框中可以分别选择将图形文件保存为 JPEG 格式、256 色位图格式、24 位位图格式、.gif 格式等。

（3）打开"我的电脑"窗口，分别单击刚才用不同格式保存的同一个图形，观察这些文件所占的大小，可以看出，以".bmp"格式保存的图像文件占的空间是最大的。

五、实验思考题

1．窗口由几个区域组成，每个区域的作用是什么？

2．绘图时所用的前景色和背景色是如何确定的？

3．选择剪切块有哪几种方法？

4．在"画图"程序中，对剪切块的处理有哪些方法？

5．对剪切块的拉伸和扭曲的含义是什么？

实验 7-3　用 Flash 制作动画

一、实验目的

了解用 Flash 制作动画的基本原理。

二、实验内容

1．制作逐帧动画。

2．制作渐变动画。

三、实验环境

Flash MX 2004。

四、操作过程

1．创建一个逐帧动画

制作逐帧动画就是在时间轴上分别制作每一个关键帧，然后按先后顺序连续动作形成动画，本动画的每一帧中只有一个元素——小球，不同的是，在各个帧中小球的位置不一样，为简化操作，其他属性都使用系统默认的值，动画由 40 帧组成。操作过程如下：

（1）启动 Flash MX，启动后的窗口如图 7-14 所示，窗口的标题栏中显示默认的文件名为"未命名-1"。

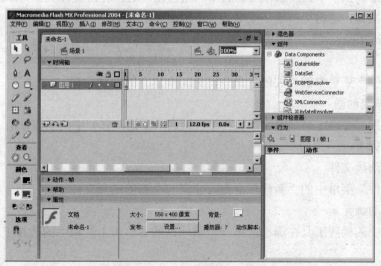

图 7-14　Flash MX 的窗口组成

（2）建立动画元素

单击工具箱中的椭圆工具，将填充色设置为红色，将鼠标移动到画板区，这时，鼠标形状变成十字形，拖动鼠标可以画出一个圆球，然后单击工具箱中的选择工具。

（3）制作第 1 帧

- 在时间轴上选取第 1 帧，方法是单击时间轴下方对应的动画帧位置，然后选择"插入"菜单中的"关键帧"命令，将该帧创建为关键帧，这时鼠标变为黑色箭头。
- 然后用黑色箭头将画好的小球拖动到动画的开始位置即第 1 帧。

（4）制作其他帧

制作每一帧就是分别确定小球在每一帧中的位置。

- 在时间轴上选取第 2 帧，然后选择"插入"菜单中的"关键帧"命令，将该帧创建为关键帧。
- 然后用黑色箭头将画好的小球拖动到合适的位置。

重复上面两步，在时间轴上不同的位置都插入关键帧，并且在关键帧中将小球拖动到不同的位置，直到完成第 40 帧的制作。

（5）演示制作的动画

直接按【Ctrl】键和回车键，这时，屏幕上打开一个新的演示窗口，并在此窗口中显示刚创建的动画的演示过程。

（6）保存动画文件

关闭演示窗口，选择"文件"菜单中的"保存"命令，在打开的对话框中输入文件名，如输入"myfirst"，然后单击"保存"按钮，至此，第一个动画文件创建完毕，磁盘上会保存一个名为 myfirst.fla 的动画文件。

（7）将动画文件导出到影片文件

选择"文件"菜单中的"导出影片"命令，打开"导出影片"对话框，在对话框的"文件名"文本框中输入"myfirst"。

单击"保存类型"下拉列表框右侧的下三角按钮，选择导出文件类型为.swf 类型，然后单击"保存"按钮，这时会产生一个名为"myfirst.swf"的文件。

产生的"myfirst.swf"文件可以脱离 Flash 独立地进行演示。

（8）关闭

选择"文件"菜单中的"关闭"命令，关闭刚建立的动画文件。

2．制作渐变动画

渐变动画只需要确定动画的起始帧和结束帧这两个帧，它们中间的部分由 Flash 自动生成。操作过程如下：

（1）建立动画文件

选择"文件"菜单中的"新建"命令，建立一个新的动画文件。

（2）建立动画元素

用工具箱中的椭圆工具在画板区画一个圆球，然后单击工具箱中的选择工具。

（3）将分离图形转化为群组

用黑色光标箭头将要转换的分离图形即小球用拖动的方框框起来，然后选择"修改"菜单中的"组合"命令。

（4）创建起始帧

在时间轴上选取第 1 帧，右击动画帧位置后，在弹出的快捷菜单中选择"插入关键帧"命令，将该帧创建为关键帧，这时鼠标变为黑色箭头。

然后用黑色箭头将上一步创建的群组图形拖动到动画开始的位置。

（5）创建结束帧

在时间轴上选取第 40 帧，右击动画帧位置后，在弹出的快捷菜单中选择"插入关键帧"命令，将该帧创建为关键帧，这时鼠标变为黑色箭头，然后将群组图形拖动到动画结束的位置。

（6）建立渐变关系

在时间轴上的起始帧和结束帧中间的任意帧处右击，在弹出的快捷菜单中选择"创建移动渐变"命令，这时，在两帧之间出现箭头线，表示已经建立了渐变的关系。

（7）演示制作的动画

按【Ctrl】键和回车键，在演示窗口中观察动画的过程。

（8）保存动画文件

关闭演示窗口，选择"文件"菜单中的"保存"命令，在打开的对话框中输入文件名，例如，输入"mysecond"，然后单击"保存"按钮，这时，磁盘上会保存一个名为"mysecond.fla"的动画文件。

（9）将动画文件导出到影片文件

选择"文件"菜单中的"导出影片"命令，打开"导出影片"对话框，在对话框的"文件名"文本框中输入"mysecond"。

单击"保存类型"下拉列表框右侧的下三角按钮，选择导出文件类型为.swf 类型，然后单击"保存"按钮，这时会产生一个名为"mysecond.swf"的文件。

（10）关闭

选择"文件"菜单中的"关闭"命令，关闭刚建立的动画文件。

五、实验思考题

1．说明逐帧动画制作的基本过程。

2．说明渐变动画制作的基本过程。

实验 7-4　图像处理软件 Photoshop 的使用

一、实验目的

用 Photoshop 软件对图像进行基本的加工处理。

二、实验内容

Photoshop 是美国 Adobe 公司开发的著名的图像处理软件，该软件提供了非常强大的图像处理功能，使用软件中的色彩调整功能可以对图像中色彩的明暗、浓度、色调、透明度等进行精确的调整，并立即显示调整后的效果；使用变形功能可以对图像进行任意角度的旋转、拉伸、倾斜等变形操作；使用滤镜可以产生特殊效果，如浮雕效果、动感效果、模糊效果、马赛克效果等；使用图层和通道处理功能可以提供丰富的图像合成效果。

本实验中要求对已有的图像进行以下的处理：

1．裁切图形的大小。

2．调整图像文件的色彩效果如改变亮度、对比度等。

3．在图像中添加文字和线条。

4．控制图像文件所占储存空间的大小。

5．按指定的文件格式保存图像。

实验所用的图像可以通过以下方法之一获得：

● 在浏览器中将网页上的图形保存到文件中。

● 来自其他图像处理软件保存的图像文件。

● 也可以使用 Photoshop 自带的图片，如果 Photoshop 安装在 C 盘上，则自带图片所在的文件夹是 "C:\Program Files\Adobe\Photoshop 7.0\Samples"。

除了以上的方法，如果条件许可，也可以使用数码相机将图形输入计算机或使用扫描仪将图形输入到计算机中。

三、实验环境

Adobe Photoshop 7.0。

四、操作过程

1．启动 Photoshop 并打开图像文件

（1）单击"开始"按钮，打开"开始"菜单。

（2）选择"程序"命令，打开级联菜单，选择其中的 Adobe Photoshop 7.0 命令，启动 Photoshop，启动后的界面如图 7-15 所示。

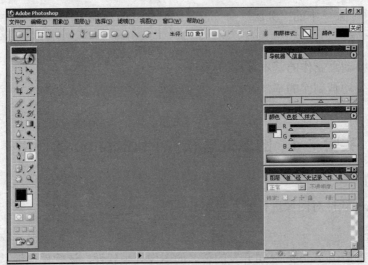

图 7-15　Photoshop 的启动界面

界面上方有菜单栏、工具栏，左边是工具箱，右边是控制面板，窗口中间部分是图像处理的工作区。

（3）选择"文件"菜单中的"打开"命令，在对话框中选择要打开的图像文件，然后单击"打开"按钮，可以打开该图像文件。

2．裁剪图像

裁剪图像是保留图像中需要的部分，将多余的部分删除，方法是使用工具箱中的"裁切"工具，如图 7-16 所示。操作过程如下：

（1）单击工具箱中的"裁切"工具。

（2）按住鼠标左键，在图像上拖动形成一个矩形的选择区。这时可以看到，选择区域之外的图像将会变暗。选择区域内的图像将是要保留的，选择区域之外的将会被裁剪掉。

（3）调整选择区域的大小。用鼠标拖动选择区域虚线上的控制点，可以缩小和扩大选择区域。

（4）改变选择区域覆盖的图形区域。将鼠标移动到选择区域内按住左键，然后移动鼠标，可以平移整个矩形框，也就是改变矩形区域所覆盖的图形区域。

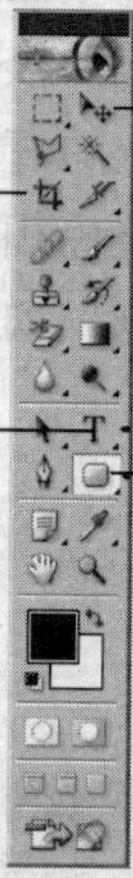

（5）将大小和区域位置调整到满意后，按回车键，确认所做的改动，这时，选定区域之外的内容被删除。

图 7-16　Photoshop 工具箱

3．图像色彩效果的调整

绝大多数图像色彩效果的调整在"图像"菜单的"调整"子菜单中，如图 7-17 所示。使用子菜单中的各条命令可以调整整个图像的亮度、对比度、饱和度、色泽等。

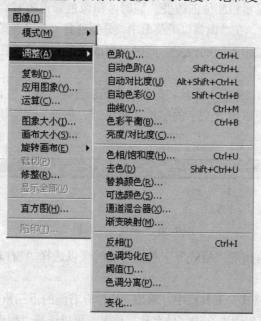

图 7-17　"调整"命令的子菜单

（1）调整亮度和对比度。选择"调整"菜单中的"亮度/对比度"命令，打开"亮度/对比度"对话框，如图7-18所示。

（2）选中对话框中的"预览"复选框。

（3）该对话框中有两个滑块，分别用来改变亮度和对比度，拖动改变亮度的滑块，这时，右边的数值框中显示亮度值的改变，同时，图像的亮度也随着滑块的移动而变化。

同样，拖动改变对比度的滑块，这时，右边的数值框中显示对比度值的改变，同时，图像的对比度也随着滑块的移动而变化。

（4）调整色相和饱和度。在"调整"菜单中选择"色相/饱和度"命令，打开"色相/饱和度"对话框，如图7-19所示。

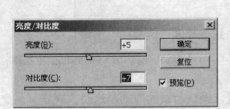

图7-18 "亮度/对比度"对话框   图7-19 "色相/饱和度"对话框

（5）选中对话框中的"预览"复选框。

（6）该对话框中有三个滑块，分别用来改变色相、饱和度和明度，分别拖动每个滑块，这时，右边的数值框中显示相应值的改变，同时，图像色彩也随着滑块的移动而发生改变。

（7）调整其他的属性。在"调整"子菜单中，分别选择"自动色阶"、"自动对比度"、"自动色彩"命令，对图像做出不同的改变，同时观察改变前和改变后图像的不同。

4．向图中添加文字

（1）在工具箱中单击"文字"工具，在菜单栏的下方是"格式"工具栏，如图7-20所示。通过"格式"工具栏，可以设置文字的字体、颜色、大小等。

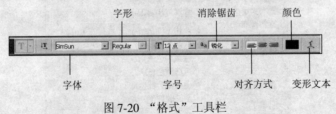

图7-20 "格式"工具栏

（2）如果屏幕上没有出现"格式"工具栏，这时可以选择"窗口"菜单中的"选项"命令，就可以显示该工具栏。

（3）在图7-20的"格式"工具栏中，单击"字体"右侧的下三角按钮，弹出下拉列表框，如果在下拉列表框中没有出现中文的字体名称，这时，可以选择"编辑"菜单中的"预设"命令，在级联菜单中选择"常规"命令，如图 7-21 所示，这时，打开"预置"对话框，如图 7-22 所示。

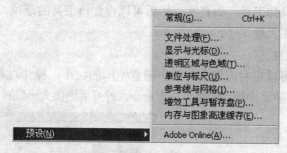

图 7-21 "预设"命令的子菜单

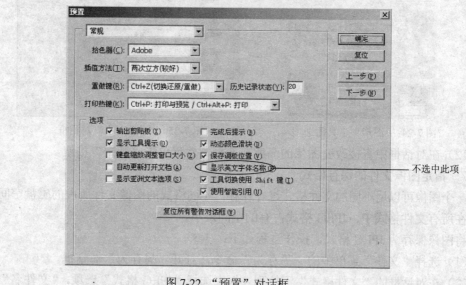

图 7-22 "预置"对话框

在图 7-22 的对话框中，将"显示英文字体名称"复选框前面的"√"取消，然后单击"确定"按钮，关闭此对话框。

这时，"格式"工具栏的"字体"下拉列表框中就可以出现中文名称的字体名，如图 7-23 所示。

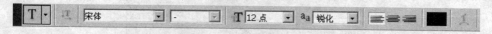

图 7-23 带有中文字体名称的"格式"工具栏

（4）在"格式"工具栏上设置好文本的属性后，在图形中单击，便会在界面上看到输入文字的提示光标。

然后用户就可以输入具体的文本，可以输入一行或多行。

文本输入完成后，在工具箱中选择"移动"工具，可以将输入的文字移动到合适的地方。

5．添加线条或其他图形

可以向已有的图形中添加线条或其他的图形。方法是使用"图形"工具，在如图 7-16 所示的工具箱中，"文字"工具下方的"图形"工具显示的是"圆角矩形"。

在工具箱上选择"图形"工具，然后，按住"图形"工具，会弹出一个子选项，如图 7-24 所示，图中显示了绘制直线、椭圆、矩形、多边形等不同形状的工具。

选择其中的某个具体工具，如直线，然后可以设置该工具的选项，如线的宽度和颜色，设置后就可以使用该工具绘图了。

6. 改变图像的尺寸

改变图像的尺寸可以影响图像文件所占磁盘空间的大小，操作过程如下：

（1）选择"图像"菜单中的"图像大小"命令，打开"图像大小"对话框，如图 7-25 所示。

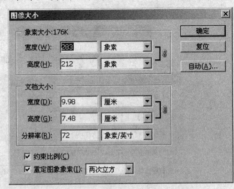

图 7-24 "图形"工具的选项　　　　　图 7-25 "图像大小"对话框

（2）在对话框中直接改变图像的高度或宽度，然后单击"确定"按钮。

7. 指定图像文件的保存格式

一个图像可以用不同的文件格式进行保存，不同格式的图像文件所占的磁盘空间也不一样，在所有文件格式中，JPEG 格式占有的空间最小。

将图像保存为 JPEG 格式，操作过程如下：

（1）选择"文件"菜单中的"另存为"命令，打开"另存为"对话框。

（2）在对话框的"文件格式"下拉列表框中选择"JPEG 格式"选项，"文件名"文本框中输入图像文件名，然后单击"保存"按钮，这时会打开"JPEG 选项"对话框，如图 7-26 所示。

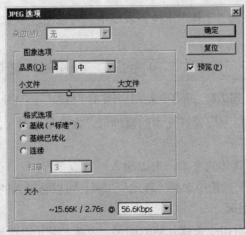

图 7-26 "JPEG 选项"对话框

（3）在对话框的"图像选项"选项区域中，用户可以在图像的保存质量和图像文件大小之间进行适当的选择，选择后单击"确定"按钮，关闭对话框。

五、实验思考题

1. 总结图像"裁切"工具的具体使用方法。

2. 使用工具箱中的图形工具，可以绘制哪些基本的形状？

3. 在"另存为"对话框的"文件格式"下拉列表框中，除了 JPEG 文件格式之外，还有哪些图像文件格式？

实验 7-5　使用 Premiere 处理视频

一、实验目的

Premiere 是 Adobe 公司推出的专业视频编辑软件，使用 Premiere 可以处理多种格式的视频和图像，提供多种视频叠加方式，并对图像的色调和亮度等色彩参数进行调整，在视频图像上添加字幕，也可以进行音频的编辑和合成，很方便地为图像配音，支持多种格式的视频输出。

本实验的目的是初步掌握用 Premiere 对视频文件进行处理的一般方法。

二、实验内容

本实验所需的视频文件可以是使用 DV 拍摄的，也可以是从 Internet 下载的，具体内容是对已获得的视频文件进行如下一些简单的处理。

1. 视频的截取。

2. 视频的拼接。

3. 加入字幕。

4. 向视频中加入伴音。

5. 将视频保存为所需要的格式。

三、实验环境

1. Adobe Premiere。

2. 已录制好的两段视频文件和一个图像文件。

四、操作过程

1. 启动 Premiere 并导入视频文件

（1）Premiere 启动后的界面如图 7-27 所示。

（2）创建新的项目文件

选择 File 菜单中的 New Project 命令，打开新的对话框，在该对话框中：

● 在"DV-PAL"中选择"Standard 48KHZ"。

● 在对话框底部选择保存项目的路径。

● 在项目名称框中输入项目名："MyVideo"。

然后单击"确定"按钮。

（3）导入视频文件和图像文件

选择 File 菜单中的 Import 命令，在打开的对话框中选择需要导入的文件。

重复 Import 命令，分别导入两个视频文件和一个图像文件。

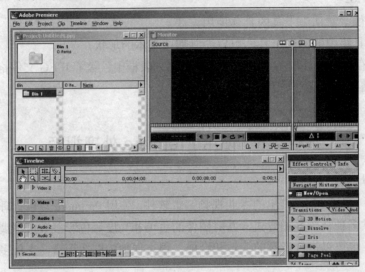

图 7-27　Adobe Premiere 的启动界面

2. 裁剪视频

对视频进行编辑需要将视频放置到 Timeline 窗口中，下面对视频进行裁剪，也就是只使用素材中的一部分，操作过程如下：

（1）双击某个视频，使该视频出现在"Monitor"窗口中，如图 7-28 所示。

图 7-28　"Monitor"窗口

（2）在开始处做一个标记。拖动播放滑块停到需要保留片断的开始处，然后，单击"设置入点"按钮。

（3）设置片断结束标记。拖动播放滑块或使用"播放"按钮找到片断的结尾处，再单击"设置出点"按钮。

（4）单击"插入"按钮将设置好标记的片断插入到 Timeline 窗口，如图 7-29 所示。

如果整段视频都需要使用，则可以简单地将该视频文件直接从 Project 窗口拖动到 Timeline 窗口即可。

从图 7-29 可以看到，在窗口中默认的有六个轨道，分别是三个 Video 即视频轨道和三个 Audio 即音频轨道。

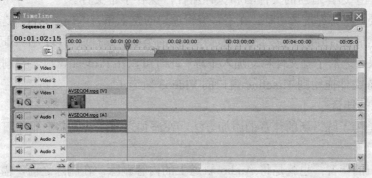

图 7-29　Timeline 窗口

在轨道的开始处单击即可将某条轨道成为"当前"轨道，这样，截取的片断就插入到"当前"轨道。在最终的输出中，上方轨道中的内容将覆盖下方的内容。

在窗口的上部是时间标尺，时间标尺的滑块上有一条红色的时间线。插入点即从该时间线开始插入。用户可以拖动滑块改变时间线的位置。

（5）重复上面的过程，在结尾处插入第二个片断。

（6）将图片由 Project 窗口拖动到 Video2 轨道上。

3．加入字幕

在影片中加入字幕的操作过程如下：

（1）选择 File 菜单中的 New 命令，在弹出的级联菜单中选择 Title 命令，打开字幕编辑窗口，如图 7-30 所示。

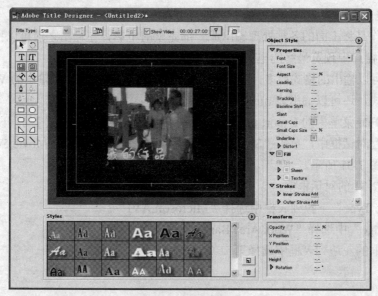

图 7-30　字幕编辑窗口

（2）在图 7-30 的窗口中，在窗口右边的"Object Style"选项区域中可以选择字体、颜色等。

（3）在左边的工具栏中选择文字工具，然后在界面上单击，就可以输入文字。

（4）字幕输入后，关闭字幕编辑窗口，关闭时会弹出对话框，提示将字幕保存到字幕文件中，在对话框中选择适当的文件名和保存路径，保存字幕文件。

（5）如果要使字幕在屏幕滚动，在字幕编辑窗口的左上角有"Title Type"选项，可以单击下三角按钮，然后在打开的下拉列表框中选择不同的类型，这样就可以产生不同的滚动效果。

（6）完成保存之后字幕文件自动加入工程，此时可以在 Project 窗口看到刚才保存的字幕文件，将该字幕文件拖动到 Timeline 窗口的 Video3 轨道上。

4．添加新的伴音

本操作只是为了练习新的伴音的添加方法，在添加之前，首先需要删除旧的伴音，添加过程如下：

（1）删除旧的伴音，也就是将 Audio 轨道上的内容删除。在删除之前，需要断开 Audio 和 Video 之间的连接。选中需要操作的视频和音频，然后右击，从弹出的快捷菜单中选择 Unlink Audio and Video 命令。这时，可以单独选择音频或者视频了。

（2）选择要删除的音频，按【Delete】键。

（3）如果需要删除其他片断中的音频，对每一个片断重复上面步骤（1）～（2）的操作。

新的伴音可以从已录制好的音频文件中导入，也可以重新录制。

如果要导入已经录制好的音频文件，可以继续进行下面的操作：

（4）选择 File 菜单中的 Import 命令，打开"导入"对话框。

（5）在"导入"对话框中选择音频文件将其导入到 Project 窗口。

（6）将该音频文件拖入到 Audio 轨道上，调整好起始位置即可。

这时，可以看到音频文件被加入到了 Project 窗口中。同时在 Timeline 窗口中也加入了一个新的音频片断。

5．输出电影

最终的操作是将上面的各种处理输出成一部完整的电影，在输出之前可以拖动时间滑块在"Monitor"窗口中预览最终的电影，满意后再输出。

Premiere 可以输出的格式很多，如可以输出成 mpeg 格式，也可以输出为 Windows 操作系统的 Avi 格式，还可以输出为 rm 或者 rmvb 格式。

（1）选择 File 菜单中的 Export 命令，在级联菜单中选择 Movie 命令，打开保存对话框。

（2）在保存对话框中，单击"Setting"按钮，这时，打开"Export Movie Settings"即选项对话框，如图 7-31 所示。

（3）在图 7-31 的对话框中：

- 在"File Type"下拉列表框中选择"Microsoft AVI"。
- 在"Range"中选择"Work Area Bar"。
- 在对话框的左边列表框中选择第二项"Video"。

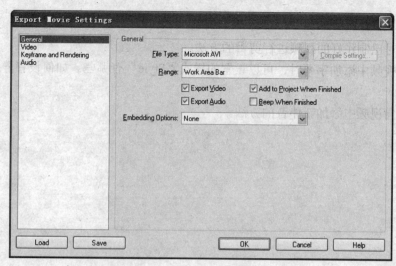

图 7-31 "Export Movie Settings" 对话框

这时，对话框出现相应的 Video 选项，如图 7-32 所示。

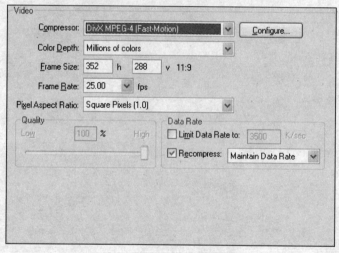

图 7-32 "Video" 选项对话框

（4）在图 7-32 的对话框中：

• 在 "Compressor" 下拉列表框中选择一个编码/压缩器。

• 在 "Frame Size" 文本框中设置输出画面的大小。

• 在 "Frame Rate" 下拉列表框中设置帧率。

• 其余的设置使用默认设置。

单击 "OK" 按钮关闭 Settings 对话框，返回到保存对话框。

（5）选择文件的保存路径和文件名，然后，单击 "保存" 按钮。此时 Premiere 开始输出最终的文件，输出过程可能需要较长的时间。

五、实验思考题

1．简述对已制作好的视频进行剪辑的方法。

2．在向视频中添加字幕时，可以设置的样式"Style"有哪些。如何设置静态字幕和滚动字幕？

3．简述向视频中添加新伴音的方法。

第 8 章 // 信 息 安 全

实验 8-1　Windows 2000 的安全机制

一、实验目的

1．通过在 Windows 系统中设置区域的安全级别达到不同的安全效果。

2．掌握不同的安全策略的设置方法。

3．通过设置用户操作权限，实现指定用户对指定文件或文件夹的授权操作，从而达到安全的目的。

二、实验内容

1．在 Windows 中设置安全区域，并观察每个区域中不同级别中的安全选项。

2．在 Windows 中设置以下的安全措施：

（1）禁止"guest"用户从网络登录。

（2）增设具有指定权利的新用户。

（3）限制匿名登录本地计算机。

3．指定用户"USER_JIA"对名为"我的个人资料"的文件夹只有"读取"、"写入"和"列出文件夹目录"的权利。

三、实验环境

Windows 2000 系统。

四、操作过程

1．安全区域的设置

在 Windows 系统中，将计算机网络系统划分为四个区域：Internet 区域、本地 Intranet 区域、受信站点区域和受限站点区域，每个区域有不同的安全级别。

下面首先将本地计算机系统的"Internet"区域设置为"中级"安全级别，设置后观察安全选项，然后再设置其他的安全区域，操作过程如下：

（1）单击"开始"按钮，打开"开始"菜单。

（2）在"设置"菜单项中选择"控制面板"命令，打开"控制面板"窗口。

（3）双击"控制面板"窗口中"Internet"图标，打开"Internet 属性"对话框，打开对话框中的"安全"选项卡，如图 8-1 所示。

（4）"Internet 属性"对话框中有两个按钮："自定义级别"和"默认级别"，其中"默认级别"是系统推荐的安全级别。

（5）在对话框上方的区域列表框中选择"Internet"选项。

（6）拖动安全级别设置滑块至"中"级位置。

这时，可以看出，在"中级"安全级别中，具有的安全选项有安全浏览、下载潜在不安全内容之前给予提示、不下载未签名的 ActiveX 控件、适用于大多数 Internet 站点。

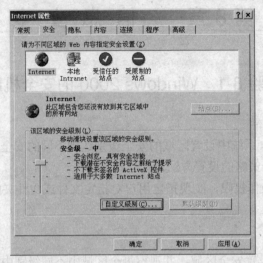

图 8-1 "Internet 属性"对话框

（7）分别拖动安全级别设置滑块至"高"、"中低"和"低"的位置，观察在这些不同级别时的安全选项。

（8）在区域列表框中选择"本地 Intranet"区域，然后分别拖动安全级别设置滑块到不同的级别，观察在这些不同级别时的安全选项。

（9）在区域列表框中选择"受信任的站点"区域，然后分别拖动安全级别设置滑块到不同的级别，观察在这些不同级别时的安全选项。

（10）在区域列表框中选择"受限制的站点"区域，然后分别拖动安全级别设置滑块到不同的级别，观察在这些不同级别时的安全选项。

（11）单击"确定"按钮，关闭该对话框。

2．设置安全措施，禁止"guest"用户从网络登录

用户名为"guest"的账号是 Windows 操作系统设置的来宾账号，任何人使用该账号都可以从网络登录本地的计算机。为了防止黑客利用"guest"账号对本地计算机进行攻击，可以禁止该账号从网络进行登录，操作过程如下：

（1）单击"开始"按钮，打开"开始"菜单。

（2）选择"开始"菜单中的"设置"命令，在打开的级联菜单中选择"控制面板"命令，打开"控制面板"窗口。

（3）在"控制面板"窗口中双击"管理工具"图标，然后在打开的窗口中双击"本地安全策略"选项，打开"本地安全设置"窗口，如图 8-2 所示。

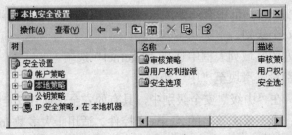

图 8-2 "本地安全设置"窗口

（4）双击"本地策略"标签，在展开的项目列表中选择"用户权利指派"选项，在右窗格中显示出策略项目列表，如图 8-3 所示。

图 8-3　本地策略

（5）在策略选项列表框中查找"拒绝从网络访问这台计算机"选项，找到后右击该选项，在弹出的快捷菜单中选择"安全性"命令，弹出如图 8-4 所示的"本地安全策略设置"对话框，对话框中表明了"拒绝从网络访问这台计算机"。

图 8-4　"本地安全策略设置"对话框

（6）单击对话框中的"添加"按钮，弹出如图 8-5 所示的"选择用户或组"对话框。

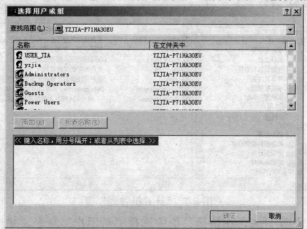

图 8-5　"选择用户或组"对话框

（7）在对话框的用户列表中选择"guest"账号，单击"添加"按钮，在对话框下方的列表中出现"guest"账号，表明它已被选中。单击"确定"按钮，返回"本地安全策略设置"对话框。

（8）单击"确定"按钮，确认拒绝访问设置的操作。

3. 设置安全措施，增加新的用户

下面增设一个新的用户"USER_JIA"，并将其设置为具有可以从网络访问本地计算机的权利，具体设置是在安全策略设置中操作，操作过程如下：

（1）单击"开始"按钮，打开"开始"菜单，在"开始"菜单中选择"设置"子菜单中的"控制面板"命令，打开"控制面板"窗口。

（2）在"控制面板"窗口中，双击"管理工具"图标，打开"管理工具"窗口，如图8-6所示。

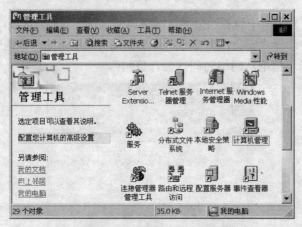

图8-6 "管理工具"窗口

（3）双击窗口中"计算机管理"图标，打开"计算机管理"窗口，如图8-7所示。

（4）在"计算机管理"窗口中，双击"系统工具"标签，在展开的列表中选择"本地用户和组"选项。

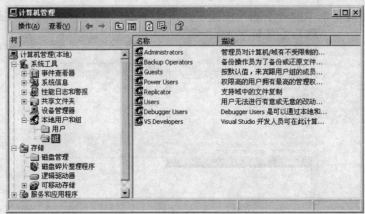

图8-7 "计算机管理"窗口

（5）右击"用户"文件夹，在快捷菜单中选择"新用户"命令，弹出增加"新用户"的对话框，如图8-8所示。

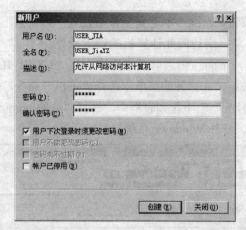

图 8-8　"新用户"对话框

（6）在对话框中分别填写"用户名"、用户"全名"、用户权限"描述"以及用户"密码"等信息。其中密码还要求重输入一遍，进行确认。

（7）单击"创建"按钮，完成创建新用户操作。最后，单击"关闭"按钮，退出创建用户操作对话框。

（8）再双击"控制面板"窗口中的"管理工具"图标，在打开的"管理工具"窗口中双击"本地安全策略"图标，打开"本地安全设置"窗口，如图 8-9 所示。

图 8-9　"本地安全设置"窗口

（9）选择"本地策略"展开的项目列表中的"用户权利指派"选项。在用户权利指派右窗格的选项列表中，选择"从网络访问此计算机"选项。

（10）右击"从网络访问此计算机"选项，在弹出的快捷菜单中选择"安全性"命令，弹出"本地安全策略设置"对话框，如图 8-10 所示。

（11）单击对话框下方的"添加"按钮，弹出"选择用户或组"对话框。在对话框上方"名称"列表框中选择指定用户名"USER_JIA"，然后单击对话框中的"添加"按钮，将指定的该用户名添加到下方的被选择用户的列表框中。

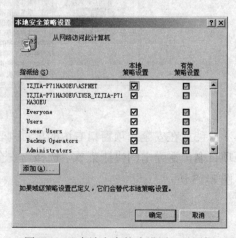

图 8-10　"本地安全策略设置"对话框

（12）单击"确定"按钮，返回"本地安全策略设置"对话框，再单击该对话框中的"确定"按钮，完成指定用户从网络访问此计算机的设置操作。

为证实操作的有效性，下面注销当前登录用户，用"USER_JIA"重新登录系统。

（13）单击"开始"按钮，在打开的菜单中选择"关机"命令。弹出"关闭 Windows"对话框，在"希望计算机做什么？"下拉列表框中，选择"注销 administrator"选项，如图 8-11所示。单击"确定"按钮，打开 Windows 系统登录对话框。

图 8-11 "关闭 Windows"对话框

（14）在 Windows 操作系统登录对话框中，输入新增用户名 USER_JIA 以及密码，然后单击"确定"按钮，即可实现新增用户名的登录。

4．设置安全措施，限制匿名登录本地计算机

对匿名用户登录的额外限制默认的安全策略是"无。依赖于默认许可权限"。下面将其设置修改为"没有显式匿名权限就无法访问"。操作过程如下：

（1）选择"开始"|"设置"|"控制面板"|"管理工具"|"本地安全设置"命令，打开"本地安全设置"窗口。

（2）在左窗格的项目列表中选择"本地策略"项目中的"安全选项"标签。在右窗格显示了所有的安全选项，如图 8-12 所示。

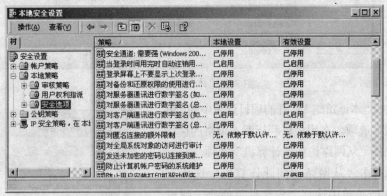

图 8-12 "本地安全设置"窗口

（3）在安全选项窗口右边的项目列表中找到"对匿名连接的额外限制"项目名，右击该项目名，在弹出的快捷菜单中选择"安全性"命令，弹出"本地安全策略设置"对话框，如图 8-13 所示。

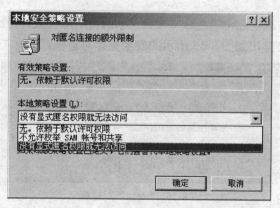

图 8-13 "本地安全策略设置"对话框

（4）单击"本地策略设置"下拉列表框右侧的下三角按钮，弹出下拉列表框，在其中选择"没有显式匿名权限就无法访问"选项，然后单击"确定"按钮，完成设置操作。

5．设置用户操作权限

Windows 操作系统的文件和文件夹权限只能在 NTFS 驱动器上设置，而且只有具有超级用户的权利才能设置用户操作权限。

本实验指定用户"USER_JIA"对名为"我的个人资料"的文件夹只有"读取"、"写入"和"列出文件夹目录"的权利，操作过程如下：

（1）在本地计算机系统上具有 NTFS 格式的逻辑磁盘上建立"我的个人资料"文件夹，并向该文件夹中复制若干个文本文件。

（2）右击"开始"按钮，在弹出的快捷菜单中选择"资源管理器"命令，打开资源管理器窗口。

（3）右击"我的个人资料"文件夹，在弹出的快捷菜单中选择"属性"命令，打开属性对话框。

（4）在属性对话框中，打开"安全"选项卡，如图 8-14 所示。

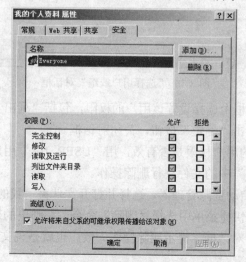

图 8-14 属性对话框的"安全"选项卡

（5）在对话框中，取消选中"允许将来自父系的可继承权限传播给该对象"复选框。当取消选中复选框时，会弹出如图 8-15 所示的安全操作对话框。

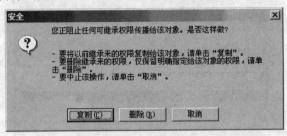

图 8-15 "安全"对话框

（6）添加用户名"USER_JIA"。在添加新用户名之前，要先删除系统定义的"Everyone"组。单击"删除"按钮，删除从"Everyone"继承来的权限。

（7）然后在"名称"列表框中选择"Everyone"，单击"删除"按钮。

（8）删除"Everyone"后，单击"添加"按钮，打开如图 8-16 所示的"选择用户或组"对话框。选择指定用户名"USER_JIA"，单击"添加"按钮，将"USER_JIA"添加到对话框下方的文本框中。单击"确定"按钮，返回到安全属性对话框。

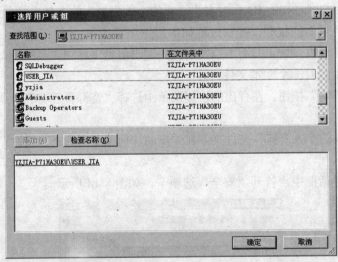

图 8-16 "选择用户或组"对话框

（9）在安全属性对话框中选择设置该用户的权限，包括"列出文件夹目录"、"读取"和"写入"的权限。然后单击"确定"按钮，关闭对话框。

（10）为了验证设置的用户权限是否有效，用"USER_JIA"用户名重新登录系统，然后对文件夹"我的个人资料"中的文件进行删除操作。

（11）重新登录后，启动资源管理器，选择并打开文件夹"我的个人资料"。选中其中的任意一个文件，右击，在快捷菜单中选择"删除"命令，在弹出的确认文件删除对话框中单击"是"按钮，就会弹出对话框，提示删除操作失败。也就是说文件保护起到了作用。

五、实验思考题

1. 对比每个区域中有哪些不同的安全级别。

2. 简述用 guest 账号登录本地计算机系统的操作步骤和操作结果。

3. 简述用新增用户 USER_JIA 从网上登录访问该计算机的操作步骤和操作结果。

4. 在安全属性对话框中可以选择的用户权限有哪些。

实验 8-2　Outlook Express 的安全设置

一、实验目的

1. 熟悉 Outlook Express 提供的邮件规则，阻止来自某个发件人地址的 E-mail 邮件，为收发电子邮件提供安全保护。

2. 通过设置邮件规则，可删除、禁止指定内容或标题内容的邮件。

二、实验内容

1. 将自己的邮件地址作为阻止对象，进行阻止发件人的实验。

2. 自动删除内容或标题中含有"暴力"、"淫秽"、"邪教"字词的邮件。

三、实验环境

Outlook Express。

四、操作过程

1. 设置 Outlook Express 的邮件规则，阻止来自某个发件人地址的 E-mail 邮件

为了验证阻止来自某个地址的邮件，将自己的邮件地址作为阻止的对象。实验完成后，再将该地址复原。操作过程如下：

（1）选择"开始" | "程序" | "Outlook Express"命令，启动 OE，启动后的 OE 窗口如图 8-17 所示。

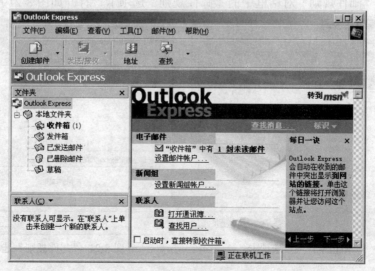

图 8-17　Outlook Express 窗口

（2）选择"工具"菜单中的"邮件规则"命令，在级联菜单中选择"阻止发件人名单"命令，打开"邮件规则"对话框，单击"阻止发件人"标签，如图8-18所示。

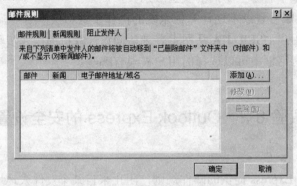

图8-18 "邮件规则"对话框

（3）在"邮件规则"对话框中，单击"添加"按钮，弹出添加对话框，如图8-19所示。

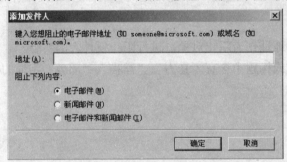

图8-19 "添加发件人"对话框

（4）在对话框的"地址"栏中，输入要阻止的邮件地址，在"阻止下列内容"选项区域中选择"电子邮件"单选按钮，然后，单击"确定"按钮，返回"邮件规则"对话框。这时，"邮件规则"对话框的阻止发件人地址栏中添加了要阻止的发件人地址，如图8-20所示。

（5）打开"邮件规则"对话框中的"邮件规则"选项卡，打开如图8-21所示对话框。

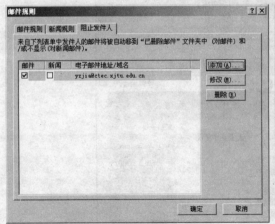

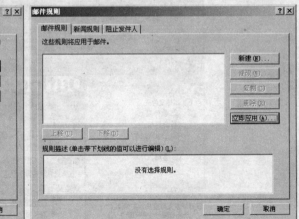

图8-20 "阻止发件人"选项卡   图8-21 "邮件规则"选项卡

（6）单击"邮件规则"对话框中的"新建"按钮，弹出如图 8-22 所示的"新建邮件规则"对话框。在"选择规则条件"列表框中选择"若邮件来自指定的账户"复选框。在"选择规则操作"列表框中选择"将它复制到指定的文件夹"复选框。

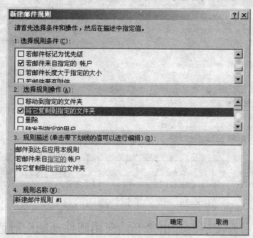

图 8-22 "新建邮件规则"对话框

（7）在"新建邮件规则"对话框的"规则描述"列表框中选择带下画线的字符串"指定的"账户，弹出如图 8-23 所示的"选择账户"对话框，因为已在"阻止发件人"中设置了要阻止的邮件地址，这里只需单击"确定"按钮进行确认。

（8）在"新建邮件规则"对话框的"规则描述"列表框中选择带下画线的字符串"指定的"文件夹，弹出如图 8-24 所示的"复制"对话框。

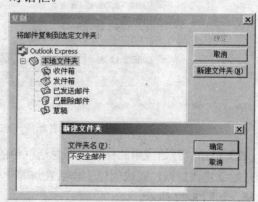

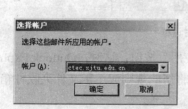

图 8-23 "选择账户"对话框　　　　　图 8-24 "复制"对话框

（9）单击"新建文件夹"按钮，弹出"新建文件夹"对话框，输入存放被阻止邮件的文件夹名称，如"不安全邮件"，单击"确定"按钮。这时在"复制"对话框的"本地文件夹"列表中增加了一个新文件夹"不安全邮件"，该文件夹用来存放被阻止的邮件。再单击"复制"对话框中的"确定"按钮，完成建立文件夹的操作，返回"新建邮件规则"对话框。单击"新建邮件规则"对话框中的"确定"按钮，返回到"邮件规则"对话框。这时，在对话框中显示了如图 8-25 所示的"新建邮件规则#1"。

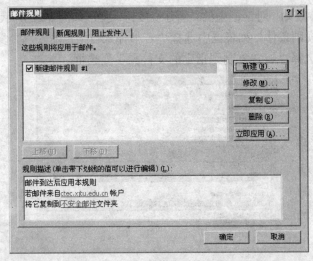

图 8-25　设置了邮件规则的对话框

（10）单击"立即应用"按钮，弹出"开始应用邮件规则"对话框，如图 8-26 所示。

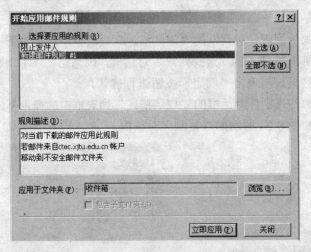

图 8-26　"开始应用邮件规则"对话框

（11）单击"开始应用邮件规则"对话框中的"立即应用"按钮，这时，Outlook Express
系统开始创建该规则，完成创建工作后在屏幕上弹出"已将您的规则应用于文件夹收件箱"
对话框，如图 8-27 所示。

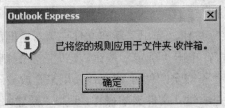

图 8-27　开始应用邮件规则确认对话框

（12）单击该对话框中的"确定"按钮，返回"开始应用邮件规则"对话框。单击"关
闭"按钮，返回"邮件规则"对话框。单击"确定"按钮，完成创建规则的操作。

（13）在 OE 下发送电子邮件，邮件的地址就是自己的邮件地址，会发现来自指定账户的邮件被存放到"不安全邮件"的文件夹下。

（14）如果规则中定义将指定账户的邮件删除，OE 在接收到指定账户的邮件时会自动删除该邮件。

（15）做完上面操作后，重新设置邮件规则，删除刚才设置的规则，恢复自己账户的合法性。

2. 设置邮件规则，自动删除内容或标题中含有"暴力"、"凶杀"、"邪教"字词的邮件

（1）启动 Outlook Express。

（2）单击"工具"菜单，选择"邮件规则"菜单中的"邮件"命令，弹出"邮件"对话框。

（3）单击"新建"按钮，弹出"新建邮件规则"对话框，如图 8-22 所示。

（4）在"选择规则条件"列表框中选择"若'主题'行中包含特定的词"和"若邮件正文包含特定的词"两个复选框。在"选择规则操作"列表框中选择"删除"复选框，如图 8-28 所示。

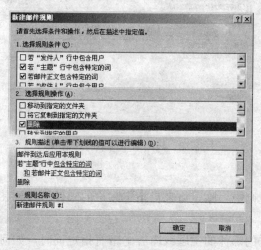

图 8-28　"新建邮件规则"对话框

（5）单击"规则描述"列表框中带下画线的"若主题行中'包含特定的词'"，弹出如图 8-29 所示的"键入特定文字"对话框。在键入具体的词或句子文本框中输入指定的词，如"暴力"、"凶杀"、"淫秽"等词或句子。每输入一个词，单击一次"添加"按钮。最后，单击"确定"按钮，返回"新建邮件规则"对话框。

（6）按上面同样的操作步骤，再设置"若邮件正文'包含特定的词'"的规则描述，设置完成后的邮件规则如图 8-30 所示。

（7）单击"确定"按钮，弹出"邮件规则"对话框。

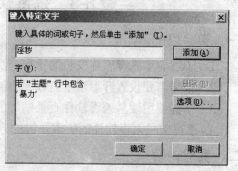

图 8-29　"键入特定文字"对话框

（8）单击"立即应用"按钮，又弹出"开始应用邮件规则"对话框。再单击该对话框中的"立即应用"按钮，Outlook Express 系统开始创建该邮件规则。

（9）打开新的对话框时，表明创建规则完成，单击"确定"按钮，返回"开始应用邮件规则"对话框。

（10）单击"关闭"按钮，返回"邮件规则"对话框。单击"确定"按钮，完成创建规则的操作。

（11）设置后，如果收到的信件中包含"暴力"、"凶杀"、"邪教"等词时，该邮件会被自动删除，这一点可以在 Outlook Express 的"已删除邮件"的文件夹中看到。

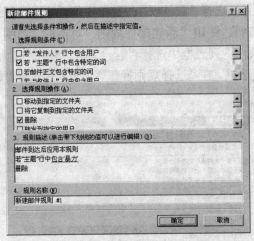

图 8-30　规则描述结果的对话框

五、实验思考题

1. 在邮件设置的规则中，除了将来自指定账户的邮件转移到某个文件夹下，还可以进行哪些处理？

2. 如果给自己发送的邮件的主题或内容中带有指定词时，如何验证设置的该邮件规则是否有效？

实验 8-3　杀毒软件的下载、安装和使用

一、实验目的

1. 了解瑞星杀毒软件安装的操作方法。
2. 根据需要设置开启瑞星监控中心的方式和操作方法。
3. 掌握使用瑞星杀毒软件查杀病毒的方法。
4. 掌握瑞星杀毒软件的版本升级的方法。

二、实验内容

1. 在本地计算机上安装瑞星杀毒软件。
2. 对杀毒软件进行下面的操作：

（1）启动瑞星监控中心。

（2）检查瑞星杀毒软件查杀病毒的情况。

（3）设置系统启动时自动开启瑞星监控中心。

（4）关闭瑞星监控中心。

3．掌握以下的杀毒方法：

（1）使用瑞星杀毒软件查杀病毒。

（2）设置"定时杀毒"。

4．使用以下方法进行软件的升级：

（1）通过网络自动智能升级。

（2）定时升级。

三、实验环境

1．操作系统 Windows 2000。

2．一套正版的瑞星杀毒软件、一个产品序列号、一本瑞星杀毒软件安装指导手册以及瑞星杀毒软件的在线帮助系统。

四、操作过程

1．安装瑞星杀毒软件

安装瑞星杀毒软件之前，应该先阅读一遍安装指导手册，了解必要的知识及操作步骤。

（1）启动安装程序。

双击启动安装瑞星杀毒软件的程序名"Setup"，弹出启动对话框。在对话框中，单击"安装瑞星杀毒软件"的项目，启动安装程序。

（2）安装程序启动后，会弹出如图 8-31 所示的选择语言对话框，单击其中某种语言的按钮，如"中文简体"，选择需要的语言。然后，单击"确定"按钮开始安装操作。

（3）系统安装时，打开"瑞星欢迎您"的欢迎界面，如图 8-32 所示。

图 8-31　选择语言对话框

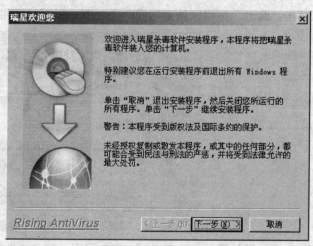

图 8-32　瑞星欢迎界面

（4）单击"下一步"按钮，打开如图 8-33 所示的"选择用户许可协议"对话框。

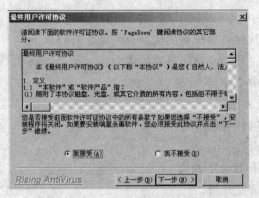

图 8-33 "最终用户许可协议"对话框

（5）选择"我接受"单选按钮，单击"下一步"按钮，打开"检查序列号"对话框，如图 8-34 所示。

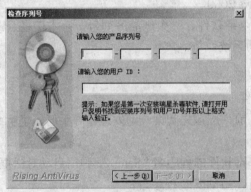

图 8-34 "检查序列号"对话框

（6）输入正确的产品序列号和 12 位 ID 号，单击"下一步"按钮，打开如图 8-35 所示的"瑞星系统内存扫描"对话框。程序将对系统内存进行扫描，这可能会花费几十秒钟的时间。也可以单击"跳过"按钮，结束扫描，进入下一步安装操作。

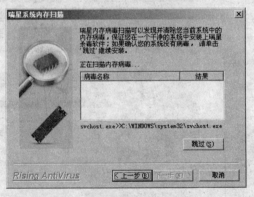

图 8-35 "瑞星系统内存扫描"对话框

（7）内存扫描结束后，单击"下一步"按钮，打开"选择程序组"对话框，如图 8-36 所示。在"程序组"文本框中输入个性化的程序组名称或使用默认的名称，如"瑞星杀毒"，单击"下一步"按钮。

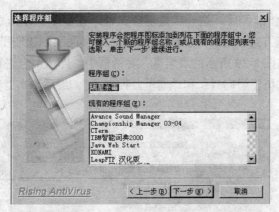

图 8-36　"选择程序组"对话框

（8）打开"选择安装方式"对话框，如图 8-37 所示。选择默认安装则程序安装在默认目录下并安装所有组件，选择定制安装则程序安装在指定的目录下并可选择安装组件。这里选择默认安装方式，单击"下一步"按钮。

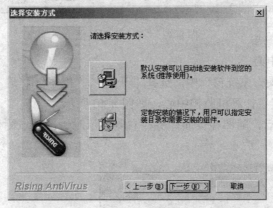

图 8-37　"选择安装方式"对话框

（9）打开"安装信息"对话框，如图 8-38 所示。如果已经选择了安装路径，就直接单击"下一步"按钮。如果要修改安装路径，可单击"上一步"按钮，返回到上一步进行相应的操作。

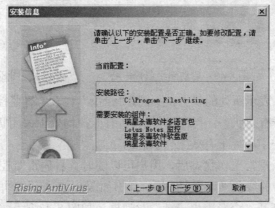

图 8-38　"安装信息"对话框

（10）上述安装工作准备后，这一步是复制文件。在复制操作结束前，系统会提示用户是否在桌面上建立快捷方式。用户可以选择"是"，在桌面上创建瑞星杀毒的快捷方式图标。文件复制完成后，在如图 8-39 所示的"结束"对话框中，提示用户进行选择：是否需要启动"瑞星杀毒程序"、"瑞星注册向导"和"瑞星监控中心"。最后单击"完成"按钮，结束安装过程。

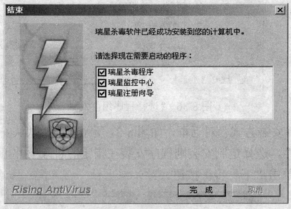

图 8-39 "结束"对话框

2. 使用瑞星监控中心

（1）在 Windows 操作系统窗口中，选择"开始" | "程序" | "瑞星杀毒" | "瑞星监控中心"命令，即可启动瑞星计算机监控中心，如图 8-40 所示。

启动瑞星监控中心后，随即在桌面任务栏右侧显示时钟的区域附近出现小雨伞图标，如图 8-41 所示。

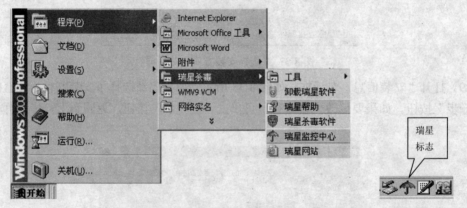

图 8-40 启动瑞星监控中心   图 8-41 监控中心的启动标志

图标的颜色不同，表示所处的状态也不同，"绿色"代表所有监控均处于有效状态，"黄色"代表部分监控处于有效状态，"红色"代表所有监控均处于关闭状态。如图 8-41 所示的打开方式表示瑞星监控中心处于有效工作状态。

瑞星监控中心处于正常工作状态后，用户可以随时查看病毒监控及处理的结果。

（2）右击任务栏中的绿色"雨伞"图标，弹出如图 8-42 所示的快捷菜单，选择"监控历史记录"命令，即可打开"查看历史记录"对话框，如图 8-43 所示。

（3）单击对话框上方的"当前选择记录"下拉列表框右侧的下三角按钮，在打开的下拉列表框中，用户可以选择"查毒杀毒记录"、"定时查毒记录"、"实时监控记录"和"杀毒操作记录"，如图 8-43 所示。

图 8-42　选择监控历史　　　　　　　　　图 8-43　当前选择记录列表

图 8-44 显示的是"实时监控记录"的结果。

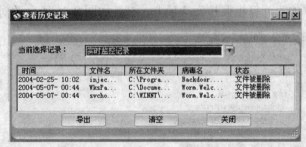

图 8-44　实时监控记录

（4）在下拉列表框中分别选择其他方法，观察显示的结果。

（5）单击对话框中的"导出"按钮，可以将被病毒感染的文件存放到指定的文件夹下。

（6）单击"清空"按钮，可以将列表框中的文件删除。

（7）单击"关闭"按钮，退出瑞星监控中心窗口界面。

如果不再使用瑞星监控中心，可以使用下面两种方法之一关闭它：

● 右击桌面任务栏右边的"瑞星监控"程序图标（呈绿色小雨伞状），在弹出的快捷菜单中选择"退出"命令，即可退出瑞星监控中心。

● 在瑞星杀毒软件窗口中，选择"工具"│"开/关计算机监控"命令。如果当前计算机监控功能是开启的，选择"开/关计算机监控"命令后，即可退出瑞星监控中心。

3．设置系统启动时自动开启瑞星监控中心

设置在"系统启动时打开监控中心"，目的是在 Windows 操作系统启动时，同时将瑞星监控中心启动，使其处于正常工作状态，操作过程如下：

（1）启动瑞星杀毒软件，打开瑞星杀毒软件窗口，如图 8-45 所示。

（2）在瑞星杀毒软件的窗口中，选择"选项"│"设置"命令，打开"瑞星设置"对话框。

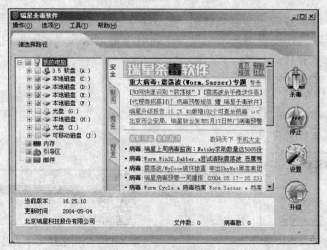

图 8-45　瑞星杀毒软件窗口

（3）打开对话框的"计算机监控"选项卡，打开如图 8-46 所示的对话框。

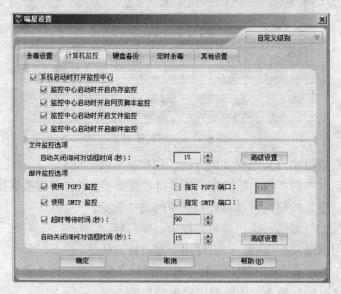

图 8-46　"瑞星设置"对话框

（4）选中"系统启动时打开监控中心"复选框，单击"确定"按钮保存设置，即可在以后开机时同时启动瑞星监控中心了。

4．使用瑞星软件杀毒

完成了安装和设置后，下面可以使用瑞星软件进行查毒和杀毒，操作过程如下：

（1）启动瑞星杀毒软件。

在 Windows 操作系统中，选择"开始"|"程序"|"瑞星杀毒"|"瑞星杀毒软件"命令，即可启动瑞星杀毒软件，启动后的界面如图 8-45 所示。

（2）默认杀毒。

在窗口左方"请选择路径"列表框中显示了待查杀病毒的目标，默认状态下，杀毒操作针对所有硬盘驱动器、内存、引导区和邮件。

单击窗口右边的"杀毒"按钮，即开始扫描所有默认目标，发现病毒时程序会弹出提示用户处理的对话框，如图 8-47 所示。

图 8-47 发现病毒提示用户选择处理对话框

（3）右键杀毒。

可以快速启用右键杀毒功能。右击指定文件，在弹出的快捷菜单中选择"瑞星杀毒"命令，如图 8-48 所示，即可启动瑞星杀毒软件专门对此文件进行查杀病毒的操作。

（4）扫描过程中可随时单击"暂停"按钮暂停当前操作；单击"继续"按钮，又可继续；也可以单击"停止"按钮，终止当前操作。对扫描中发现的病毒，病毒文件的文件名、所在文件夹、病毒名称和状态都将显示在病毒列表窗口中。

（5）选择指定路径杀毒。

可以有针对性地指定某个目标，如 C 盘、D 盘等进行杀毒处理。在"请选择路径"列表框中选择 C 盘，然后单击"杀毒"按钮进行杀毒。

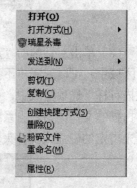

图 8-48 用快捷菜单杀毒

（6）设置特殊杀毒功能。

在瑞星杀毒软件窗口中，选择"选项"|"设置"命令，弹出"杀毒设置"对话框，单击"杀毒设置"标签，打开如图 8-49 所示的对话框。

（7）在对话框中：

- 在"文件类型选项"选项区域中指定文件类型，可对指定文件类型的文件进行查杀病毒的操作。
- 在"扫描完成后的动作"选项区域中，可以选择"返回主程序"、"关闭计算机"、"重启计算机"或"提示扫描完成"等操作。
- 在"发现病毒后的处理方式"选项区域中，可以选择"询问后处理"、"直接清除"、"删除文件"和"忽略，继续扫描"等方式。
- 在"查杀选项"选项区域中，可以选择"包括子文件夹"和"杀毒时备份染毒文件到'病毒隔离系统'"。在"清除失败后的处理方式"选项区域中，可以选择"询问后处理"和"忽略"选项。

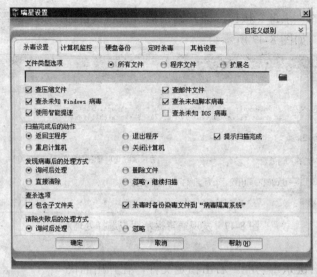

图 8-49 "瑞星设置"对话框的"杀毒设置"选项卡

（8）单击对话框的"定时杀毒"标签，打开如图 8-50 所示的对话框。在"定时方式"选项区域中，可以选择"不扫描"、"每小时"、"每天"等不同的扫描杀毒的时间段。在"选择扫描目标"选项区域中，可指定需要定时扫描的磁盘或文件夹，并可选择查毒还是杀毒以及要扫描的文件类型。当系统时钟到达所设定的时间时，瑞星杀毒软件会自动运行，开始扫描预先指定的磁盘或文件夹。

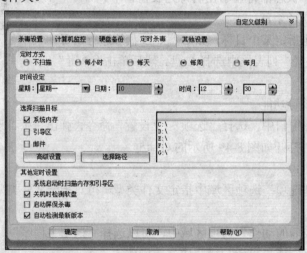

图 8-50 "瑞星设置"对话框的"定时杀毒"选项卡

5. 瑞星杀毒软件的版本升级

瑞星杀毒软件版本升级有多种方式：

◆ 连接 Internet 的智能升级：如果本地的计算机可以连接到 Internet，则可以通过瑞星杀毒软件的智能升级功能自动完成升级，这是最简便和快速的升级方式。

◆ 手动升级：用户使用其合法的用户 ID 到瑞星公司网站下载升级包，在本地运行升级包，即可完成升级。

◆ 通过瑞星公司的技术支持来升级：如果无法使用 Internet，可以通过瑞星公司的技术支持升级服务来升级。

通过网络自动智能升级的操作过程如下：

（1）启动瑞星杀毒软件。

（2）使用用户 ID 完成注册，在瑞星杀毒软件窗口中，选择"选项"菜单中的"用户 ID 设置"命令，打开如图 8-51 所示的对话框。

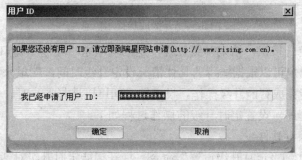

图 8-51 "用户 ID"对话框

（3）在对话框中输入合法的用户 ID 号，单击"确定"按钮（输入的用户 ID 号必须是瑞星公司颁发的合法用户 ID。用户 ID 是在购买瑞星杀毒软件时随系统使用授权书一起颁发的）。

（4）在成功完成用户注册后，就可以进行智能升级操作了。单击瑞星杀毒窗口中的"升级"按钮，瑞星杀毒软件会自动完成整个升级过程。

升级时，系统首先检测本地计算机系统的网络配置，并自动连接到瑞星公司的网站（http://www.rising.com.cn）。若连接了该网站，即可取得有关的升级信息，并启动升级程序，如图 8-52 所示。

图 8-52 智能升级操作过程

（5）升级程序启动后，将自动复制、下载升级软件包到本地计算机，在下载过程中同时在屏幕上显示如图 8-53 所示的有关下载进度信息。

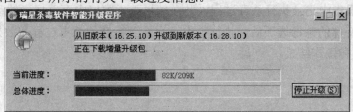

图 8-53 升级程序下载升级程序包操作过程示意图

（6）升级处理结束后，则弹出如图8-54所示的升级完成信息。升级程序包下载完毕，由升级程序自动安装并修补老版本的系统。

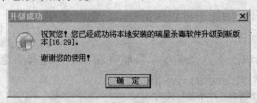

图 8-54　升级成功提示信息

（7）单击"确定"按钮，结束升级过程，返回瑞星杀毒程序主窗口。

定时升级是指用户可以根据病毒的具体情况设定升级时间，瑞星杀毒软件会按设定的时间自动启动升级功能完成智能升级操作。设定的时间可以选择每小时、每天、每周、每月的任何时间启动升级程序，设置定时升级的操作过程如下：

（1）启动瑞星杀毒软件。

（2）选择"选项" | "定时升级设置"命令，打开智能定时升级对话框，如图8-55所示。

（3）单击"定时方式"列表框右侧的下三角按钮，弹出如图8-56所示的时间表，从中选择一个时间。单击"确定"按钮，完成定时设置操作。设置定时升级的时间后，系统时钟会在到达设定的时间时自动升级。

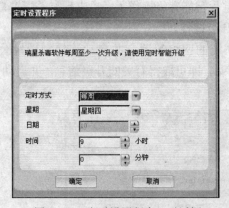

图 8-55　"定时设置程序"对话框

图 8-56　定时方式选项

（4）完成定时设置后，单击"确定"按钮，返回主窗口。

五、实验思考题

1. 描述安装瑞星杀毒程序的操作步骤。

2. 简述自动启动瑞星杀毒监控中心的情况。

3. 在实验报告中记录执行杀毒过程以及在瑞星杀毒窗口中查杀病毒的动态信息。

4. 设置了特殊的杀毒选项后，执行杀毒，会看到特殊的杀毒过程和效果。在实验报告中记录操作过程和操作结果。

参 考 文 献

[1] 萨师煊，王珊. 数据库系统概论. 3 版. 北京：高等教育出版社，2000.

[2] 冯博琴. 大学计算机基础. 北京：高等教育出版社，2004.

[3] 冯博琴. 大学计算机基础实验指导. 北京：人民邮电出版社，2006.

[4] 冯博琴. 计算机文化基础教程. 2 版. 北京：清华大学出版社，2005.

[5] 冯博琴. 大学计算机基础实验指导. 北京：清华大学出版社，2004.

[6] 王珊，陈红. 数据库系统原理教程. 北京：清华大学出版社，2003.

[7] 谢希仁. 计算机网络教程. 北京：人民邮电出版社，2003.

[8] 冯博琴. 全国计算机等级考试一级教程 MS Office. 北京：中国铁道出版社，2006.

[9] 赵子江. 多媒体技术应用教程. 3 版. 北京：机械工业出版社，2003.

[10] 冯博琴. 大学计算机. 北京：中国水利水电出版社，2005.

笔记栏